为人三会

会说话　会办事　会做人

张　宜—著

中国华侨出版社

北京

图书在版编目 (CIP) 数据

　　为人三会 : 会说话会办事会做人 / 张宜著 . -- 北
京 : 中国华侨出版社 , 2019.7
　　ISBN 978-7-5113-7922-1

　　Ⅰ . ①为… Ⅱ . ①张… Ⅲ . ①人生哲学—通俗读物
Ⅳ . ① B821-49

　　中国版本图书馆 CIP 数据核字 (2019) 第 137836 号

为人三会 : 会说话会办事会做人

著　　者：	张　宜
责任编辑：	黄　威
封面设计：	韩立强
文字编辑：	朱立春
美术编辑：	吴秀侠
插图绘制：	李宇諹
经　　销：	新华书店
开　　本：	880mm×1230mm　1/32　印张：6　字数：180 千字
印　　刷：	北京德富泰印务有限公司
版　　次：	2020 年 2 月第 1 版　2021 年 5 月第 7 次印刷
书　　号：	ISBN 978-7-5113-7922-1
定　　价：	36.00 元

中国华侨出版社　北京市朝阳区西坝河东里 77 号楼底商 5 号　邮编：100028
法律顾问：陈鹰律师事务所
发 行 部：（010）58815874　　　传　　真：（010）58815857
网　　址：www.oveaschin.com　　E－mail：oveaschin@sina.com

如果发现印装质量问题，影响阅读，请与印刷厂联系调换。

人生在世，无非是做三件事：说话、办事和做人。会说话、会办事、会做人，能使人生达到事半功倍的效果。从三者关系的角度来看，会说话是会办事的前提，会说话的人，办事能力就会相应提高。会办事是会做人的必要条件，只有善于办事，你才可以得到别人的认可。会做人首先要学会说话和会办事，成功总是垂青于善于说话和巧于办事的人，因为人离不开说话和办事，这是会做人的基本功和必修课。掌握了说话、办事、做人这三大技巧，也就掌握了成功的金钥匙，必将在人生的道路上无往而不胜。

"一句话让人跳，一句话让人笑。"说话能力体现着一个人的内涵、素质。一个说话讲究艺术的人说出的话，常常是说理切、举事赅、择词精、喻世明；轻重有度、褒贬有节、进退有余地、游刃有空间；可陶冶他人之情操，也可为济世之良药；可以体现个人的雄才大略，更能提高个人的社会地位。因而，一个人能否把握说话的艺术，对其人生的成败是非常重要的。

说话能力不是天生的，而是通过不断的练习培养出来的。本书通过具体生动的案例，深入浅出地阐述了练就卓越口才的途径和必知的各种说话技巧和分寸，包括怎样拒绝而不得罪别人、怎样得体地赞美别人、怎样打动别人、怎样说好难说的话等，帮助读者轻松掌握各个领域的说话艺术，提高自己的说话能力，在错综复杂的人际关系网络中应付自如。

"上山擒虎易，求人办事难。"无数事实证明，每一个与成功失之交臂的人，并非缺乏成功的智慧和勇气，而是在办事上没有找到正确的方法，不能从容地办事。而那些成就了一番事业的人，他们也未必是天生的强者，只是他们善于掌握办事的艺术。

本书结合当今社会人际关系的特点和规律，全面阐述了种种办事的方法、手段、技巧，帮助读者掌握办事的艺术，迅速提高办事能力，有效利用各种资源达到办事的目的。

"人难做，做人难。"会做人是一个人生存立世之本。说到底，做人的问题就是要处理好自己和他人、自己和社会的关系。就是因为每一个关系都涉及了自己，所以学会做人就要从自身开始。

本书对人们行走社会必须具备的做人智慧进行了全面的归纳和总结，从中得出做事先做人、低调做人等具有普遍意义的做人方法和规律，让人们在如何做人上有章可循。

总之，会说话、会办事、会做人三者相辅相成，不可分割，共同构筑了成功人生的"金三角"。本书作为一本为人处世的通俗指南，将日常生活中有效且使用率高的口才技巧、办事方略以及做人哲学介绍给读者，让读者在短时间内掌握能言善道、精明办事、灵活做人的本领。

目 录
CONTENTS

1

中 篇

会办事——天下无难事

下 篇

会做人——看透，想通，做明白

上 篇

会说话

——走遍天下都不怕

第一章
与人交流，须重"言值"

巧用妙语，打好圆场

巧妙地说好贴金话，其实就是打好圆场。想要事事有个圆满的收场，就得锻炼自己的口才，提高自己的"语商"。

不管做什么事情，我们都渴望能有个圆满的收场，这就需要我们平时多多读书，多多磨炼，头脑充实，机智敏捷，反应灵活，并且持之以恒。与此同时，还要注意培养敏捷的表达能力以及逻辑与语言修辞素养。

有一个销售员在一家百货商店前推销他那些"折不断的"梳子。为了消除围观者的怀疑，他捏着一把梳子的两端使它弯曲起来。突然间，那把梳子啪的一下断了，销售员顿时惊得目瞪口呆。这个时候，只见他把折断的梳子高高地举了起来，对围观的人群说："女士们，先生们，这就是梳子内部的样子。"

如果一个人平时总是思考如何应付复杂局面和临场突发情况，

临战自然不会仓促和不知所措。

有一个卖瓦盆的人，为了能够早点儿把瓦盆卖出去，便当着顾客的面用旱烟锅子敲了起来。他边敲边喊："听这瓦盆啥响声啊！"可是，令他意想不到的是瓦盆被敲破了。旁边看热闹的人忍不住笑出了声。他忙指着瓦片对身边的人说："你们看这瓦茬子，棱是棱，角是角，烧得多结实呀。"

参加面试时，主考官所问的问题并不一定有什么标准答案，只要能"自圆其说"便算是成功。

有一个年轻的小伙子来面试，主考官问了一个问题："你为什么要离开之前的企业。"他回答："在那家企业没有前途。""那么怎么样才算有前途？"主考官接着问。"企业蒸蒸日上，个人才能得到不断提高和发展。""你们公司的产品在市场上的占有率名列前茅，员工收入也很高，这是有口皆碑的，怎么能说在这个企业没有前途呢？"这位求职者被问倒了，为什么会出现这种情况呢？那是因为他不清楚随着问题的不断深入，他先前的论点将无法成立，这样就不能自圆其说了。

我们常常会遇到这样的提问："你最大的优点是什么"和"你最大的缺点是什么"。这两个问题看起来很简单，可是要回答好不是一件很容易的事情，因为接下来主考官有可能会问："你的这些优点对我们的工作有什么帮助？你的这些缺点会对我们的工作带来什么影响？"然后还可以层层深入，"乘胜追击"，求职者是很容易陷入不能"自圆其说"的尴尬境地的。几乎所有的面试问题都有可能被主考官深化和挖掘，所以在回答问题之前一定要先考虑周到，然后再给予回答，这样才不至于使自己陷入被动的局面。

在日常生活中，我们不需要过于自夸，但在某些场景中，便需要好好运用自己的口才，把话说得巧妙高超。

说话要扬己之长，避己之短

想要提升自己的形象，就要懂得扬长避短的道理，多说一些自己的长处，少说一些自己的短处。

宋代卢梅坡诗云："梅须逊雪三分白，雪却输梅一段香。"在常人的眼里，每个人或多或少总会在某方面存在一定的缺陷，就算是伟人也毫不例外：拿破仑矮小、林肯丑陋、罗斯福小儿麻痹，而这些都没有阻挡他们极其辉煌自信的一生。

瑞士银行中国区主席兼总裁李一，在 1988 年最初去美国迈阿密大学留学时，学的是体育管理专业。他发现那是"富人玩的游戏"，于是在离毕业还有半年时，毅然报考沃顿商学院。

美国沃顿商学院是世界首屈一指的商学院，李一考得并不轻松，前后面试了三次，仍没结果。最后一次面试，他干脆在考场上直截了当地问主考官："如果我没有被录取，最有可能的原因是什么？"

"很可能是因为你没有工作经验。在美国，商学院录取的前提条件是要有商务工作经验。"

李一做出的反应不是承认自己的不足，或者是如何改变自己的缺点，而是立刻反驳："按你们的招生材料所说，沃顿作为世界最优秀的商学院，肩负着培养未来商务领袖的重任。但世界各国发展很不平衡，如果按你们现在的做法，商务成熟的国家会招生特别多，像中国这样的发展中国家可能一个也不招，这跟沃顿商学院的办学宗旨是自相矛盾的。"

出人意料的是，李一的反驳得到了主考官的欣赏。面试出来后，招生办主席秘书给李一打了一个电话："主席对你的印象特别好，说你很自信，与众不同。"后来，在当年 52 个申请该校的学生当中，李一成为唯一被沃顿商学院录取的中国学生。

李一的自信赢得了考官的欣赏，为自己铺垫了人生道路上的一块重要基石，更重要的是，他战胜了自己，他能够扬长避短，主动出击。著名管理学家德鲁克博士曾在 1999 年的《哈佛商业评论》中发表观点：对于一个集体，需要克服的是"短板定理"；而对于个人，发挥自己的长处，比努力去补齐短板更为重要。

其实，每个人都有自己的可取之处。你也许不如同事长得漂亮，但你有一双灵巧的手，能做出各种可爱的小工艺品；你现在的工资可能没有大学同学的工资高，不过你的发展前途却比他的大，等等。这并不是一种吃不到葡萄就说葡萄酸的心理，因为世界这么大，永远没有绝对的坏，只有相对的好，永远没有绝对的失败，而只有相对的成功。

这世界上的路有千万条，但最难找的就是适合自己走的那条路。每一个人都应该努力根据自己的特长来设计自己，量力而行，根据自己的环境、条件、才能、素质、兴趣等确定发展方向。不要埋怨环境与条件，应努力寻找有利条件；不能坐等机会，要自己创造机会；拿出成果来，获得了社会的承认，事情就会好办一些。每个人都应该尽力找到自己的最佳位置，找准属于自己的人生跑道。当你事业受挫了，不必灰心也不必丧气，相信坚强的信念定能点亮成功的灯盏。

每个人都有自己的特质和特长，所以不要怀疑自己，更不要轻易地否定自己。认清你自己的优势与弱点，如果你身上有暂时或永远无法补齐的"短板"，那么不如去吸引别人注意到你身上其他的闪光之处。每个人都有自己的发光点，只要你善于利用，就能扬长避短，形成制胜的优势。

时刻不忘给自己留余地

智慧的人说话不忘给自己留点余地，话说得有弹性、有分寸，让进退的空间变得更大，如果能做到这点，也就不会被沉重的负担压得喘不过气来。给自己留点余地，才能活得更轻松。

人在社会上生存，不论是做人还是处世都要学会给自己留有余地、留点后路，话不可以说得太满，事情不可以做得太绝。凡事给自己留点余地，才能在回头的时候有条路走，才不会使自己面临巨大的失败。

水多了容易溢出来，话太满容易把自己逼上绝路。这就要求我们在谈话时，时刻提醒自己，说话时刻牢记给自己留余地，使自己可进可退，这好比在战场上一样，进可攻，退可守，这样有了牢固的后方，出击对方，又可及时撤回，仍然处于主动地位。

因此，无论与对方矛盾有多深，最好都不要说出"势不两立"之类的话，否则日后万一有合作的机会，一定会左右为难，尴尬万分。时时处处留有余地是为人处世的大智慧，进可攻，退可守，这才是成功的做人之道。

人们常说"话不要说满，事不要做绝"当然是有道理的。事情做绝，不留余地，不给别人机会，不宽容别人都是不理智的行为。

在一个列车上同时有两个推销员在推销同一种新产品，那是一种螺旋状的袜子。为了表明这种袜子的透气性，第一位推销员随手拿起一只袜子，对大家说："来帮帮忙，拿住袜子一端，使劲儿拉。"说着，他就和一位乘客对拉起来，袜子的韧性的确很好。然后他又随手拿起一根长长的针，在拉得绷直的袜子上来回划动，袜子也没有损伤，他又说："看一看，这种袜子不易抽丝。"紧接着他又拿起打火机，在袜子下面轻快晃动，火苗穿过袜子，而袜子也未受到损伤。

在他一番介绍之后，袜子在乘客手中传看。一位乘客有意地拿起针，轻轻一划就在袜子上划了一个洞，原来只是顺着纹理划不易划破，并不是划不破。另一位顾客要用打火机烧，急得推销员赶忙补充说："袜子并不是烧不着，我只是证明它的透气性好。"最后大家终于明白是怎么一回事，袜子的质量没的说，但当时的气氛明显地影响了大家的消费心理。

而第二位推销员也是一边说一边演示，不过他更注重科学性介绍，一番介绍说得非常周到。他是这样说的："当然，任何事物都有它的科学性，袜子怎么会烧不着呢？我只是证明它的透气性好，它也并不是穿不破，就是钢也会磨损的。"这番介绍没有给爱挑刺的顾客留下可乘之机。接下来，他一边给大家传看袜子，一边讲解促销的优惠价格，销售效果明显好于前一位推销员。

这个案例说明，我们每个人在说话时都不要把话说过头，违背常情常理，这样势必引起相反的效果。在这个世界上只有相对，没有绝对。这不仅适用于物理，同时也适用于人与人之间的交流。

一般说来，人们考虑问题都喜欢相对思考，对于绝对的东西，在心理上有一种排斥感。比如，当你斩钉截铁地说："事实完全就是这个样。"此时在别人心里可能会有对你的反问："难道一点儿也不差？"他对你的话语的领悟就会有点儿舍本逐末了。倒不如这样说："事实就是这个样子。"

因此，在谈话时，哪怕是我们极有把握的事，也不要把话说得过于绝对，绝对的东西容易引起他人的怀疑，甚至反感。与其给别人一个怀疑的借口，不如把话说得委婉一点。同时，如果我们不把话说得绝对，还可以有更为广阔的空间与对方周旋。

说话要讲求把握分寸，给自己留有余地的原则，这需要注意以下几点。

1.话不要说得太绝对

凡事都有一个度，在一个别人可以容许的范围内是可以被人所接受的，但是如果超过了这个度就会给人留下把柄。牛皮可以吹，但是不要吹得太离谱；大话可以说，但也不要说得太过，否则只会自取其辱。有一句话说："十句话里要有九句真话，这样说一句假话才有人信。"所以，如果假话太多，就漏了底，再也没人信你了。

2.话要说得委婉

当我们为了某个目的与他人谈话时，话就要说得委婉一些。话说得太直会激恼对方，即便是理在己方。说得圆润一点，能给我们留下一定的回旋余地，从容地达到我们谈话的目的。

3.说话诚实，前后一致

在和他人讲话时，还要注意前后不要出现矛盾，保持前后一致。矛盾的地方常常是易受到他人攻击的地方，而且常常是非常有力的攻击，可以使我们哑口无言，无法反驳。避免这一尴尬处境的最佳办法就是说话时要诚实守信，这样才不用担心出现前后矛盾的情况。

适时保持沉默威力更大

在适当的时候保持沉默，其实是一种很高明的智慧。常看恐怖片的朋友一定会有这样的体验：最令人毛骨悚然的场景，往往是掉落一根针都能听见的寂静。沉默不是无奈，更不是软弱。有时候，不说比说更有威力。

法国有句谚语，雄辩如银，沉默是金。在我们的生活中，有些时候确实是沉默胜于雄辩。与得体的语言一样，恰到好处的沉默也是一种语言艺术，运用好了常会收到"此时无声胜有声"的效果。

古时候，有个农民牵着一匹马到外地去，中午走到一家客栈用餐，他把马拴在了旁边的一棵树上。这时一个商人骑着一匹马过来，将马也拴在了这棵树上。

农民看见了，忙对商人说："请不要把你的马拴在这棵树上，我的马还没有被驯服，它会踢死你的马。"但那商人不听，拴上马后便进了客栈。

一会儿，他们听到马的嘶叫声，两人急忙跑出来看，商人的马果真被踢死了。商人拽住农民就去见县官，要农民赔马。县官问农民许多问题，农民却装作没听见似的，一声不吭。

县官转而对商人说："他是个哑巴，让我怎么判？"商人惊讶地说："我刚才见到他的时候，他还说话呢。"

县官奇怪地问商人："他刚才说了什么？"商人把刚才拴马时农民对他说的话重复了一遍。县官听后说："这样看来是你无理了，因为他事先警告过你。因此，他不应该赔偿你的马。"

这时农民开了口，他说："县官大人，我之所以不回答问话，是想让商人自己把事情的全部经过讲清楚，这样，不是更容易弄清楚谁是谁非吗？"

沉默有时是最有力的武器。在日常交际中，遇到难以说清是非的问题时，你不妨也像这位农民一样，以无言应对喧哗，这会产生比硬碰硬更大的震慑力量。尤其是当时机未到时保持沉默更是一种"大智若愚"的表现。

正像休止符一样，沉默只有运用得恰到好处，才能收到以无声胜有声之效。如果不分场合，不讲分寸，故作高深而滥用沉默，其结果事与愿违，只能给人以矫揉造作或难以捉摸的感觉。我们在运用沉默时，不应该把它和语言截然分开。恰恰相反，沉默和语言的和谐一致、相辅相成，才是沉默的功效。

下列几种情况要求我们必须把握好沉默的分寸。

1. 对方心不在焉时保持沉默

在与他人交谈时，一旦发现对方对所说的内容心不在焉，要立刻打住，哪怕所说的话非常重要，也要马上保持沉默，盯着对方看，一定要让对方先说话。这时他对你的陈述一定是有异议，即使你接着说下去，对方也不会听进去。

2. 不了解情况的时候要保持沉默

有时候，不了解对方的情况盲目地乱说，往往会给对方造成可乘之机，使自己遭受到莫大的损失，所以，在不知道对方底细的情况下不要轻易开口。保持沉默，不但能揣摩对方意图，往往能变被动为主动。如果冒失开口，将造成难以挽回的损失。

3. 别人谈论自己时需保持沉默

当听到别人谈论自己的时候，很多人容易犯这样一个错误：一旦别人谈到自己时，尤其是不利于自己的情况时，往往会打断别人，与其进行争论。其实，这是最不明智之举。在职场上，如果同事批评或者谈论你时，你不必急于否认或者急于表现自己。

受到别人无理攻击或指责时，你的情绪正在气头上，如果你当场据理力争只会让自己陷入更深一轮的语言轰炸中，非但不能洗刷冤屈，还会让他人更加"团结"起来打击你。不如等以后你们都冷静下来，能够心平气和地讨论问题的时候再安排时间交谈，只有在那个时候你们才能进行有实质意义的讨论而不是相互指责。

因此，这个时候最好保持沉默，闭口不谈，在不指责对方的错误，也不伤害他的自尊心的情况下进行说服时，有一个不可忽视的技巧就是在应该批评对方的时候采取沉默态度。

4. 自己做不了主的时候要保持沉默

有时候，自己往往不能够做主，所以，这时候也不能说。如果自己不慎把不该答应的事情答应下来了，到时候所有的后果只有自己来承担了，所以这时候也要保持沉默。

5. 时机未到时保持沉默

说话莫忘看时机，因为心理学告诉我们，在不同的场合中，人们对他人的话语有不同的感受、理解，并表现出不同的心理承受力。正因为受特殊场合心理的制约，有些话在某些特定环境中说比较好，但有些话说出来未必得当。同样的一句话，在此说与在彼说的效果就不一样。如果环境不相宜，时机未到，最好的办法是保持沉默。

"言多必失，语多伤人""君子三缄其口"的古训，也把缄口不言作为练达的安身处世之道。今天，我们亦应谨记这些古训，该沉默时一定要沉默。

说话要因人而异

独特的个性、爱好，独特的知识结构可能决定了一个人只能是"这样"而不能是"那样"。但当与不同的人交谈时，就要采取不同的谈话方式。简而言之，讲对方想听的，而并非自己想讲的。

有句话说得好："话不投机半句多。"要想和人谈得投机，不是随便聊聊就可以的。对待不同的人，应该有不同的交谈方式，谈对方感兴趣的事情，在谈话一开始就有共同语言，才能打开话匣子。面对不同的人，就要用不同的交谈方式，即所谓的"因人而异"。

两千多年前，孔子就注意针对学生的不同性格来回答他们的问题。有一次，孔子的学生仲由问："听到了，就可以去做吗？"孔子回答说："不能。"另一个学生冉求也问同样的问题："听到了，就可以去做吗？"孔子的回答是："那当然，去做吧！"公西华听了，对于孔子的两种回答感到有些疑惑，就问孔子说："这两个人问题相同，而你的回答却相反。我有点儿糊涂，想来请教。"孔子答："求也退，故进之；由也兼人，故退之。"

孔子的意思是说，冉求平时做事好退缩，所以我就给他壮胆；仲由好胜，胆大勇为，所以我要劝阻他，做事要三思而行。可见，孔子诲人不是千篇一律，而是因人而异、因材施教，特别注意学生的性格特征，因此能够使学生更好地发展。

我们要根据说话对象的不同，采取不同的表达方式，否则，就容易制造对立，带来麻烦。有些人往往把这种灵活的交谈方式看成见风使舵或曲意奉承，其实这是一种错误的观念。因为你只有与不同的人说不同的话，迎合对方的心理，从而博得对方的好感，这样才有可能达到自己的目的。

有句俗话叫作"人上一百，形形色色"。人各有其情，各有其性。言辞表达的内容和方式要因人而异，符合接受对象的脾气性格，才有可能产生"同声相应，同气相求"的效果。我们在与别人交流时，也要注意因人而异。

1. 看人的个性说话

跟别人说话，要先弄清楚对方的个性。如果对方喜欢委婉的，你就应该说得含蓄些；如果对方喜欢率直的，你就应该说得爽快些；对方崇尚学问，你就应该说得富有哲理些；对方喜谈琐事，你就应该说得通俗些。总之，说话方式与对方个性相符，双方就能一拍即合。

一般来说，性格外向的人易于"喜怒形于色"，性格内向的人多半"沉默寡言"。同性格外向的人谈话，你可以侃侃而谈；同性格内向的人谈话，则应注意循循善诱，最重要的是表现真诚，挖掘一些对方比较在意、隐藏在内心深处的话题，让对方感觉你是在真心地关心他。

2. 看人的身份说话

如果你对识字不多的人摆出一副知识分子的架子，满口之乎者也，肯定会让对方满头雾水，难以接受。如果你对文化修养较高的人，开口就是一副江湖腔，也容易引起对方反感，难以获得对方的信任和好感。

一位教授来农村考察，向一位八十多岁的老爷爷问道："老人家，您今年贵庚几何？"老人想了半天，不知教授所言何事，然后反问"什么贵庚？"教授解释："就是你多大岁数了。"老爷爷这才明白。这位教授说话不看对象，难怪会闹笑话。所以，要想收到理想的表达效果，就应当根据对方的身份说话。

3. 看人的年龄说话

与年长者谈话时应保持谦虚，多用尊重和肯定对方的词语。长辈接受的新知识可能比你少，可是无论怎样，其经验要丰富得多。因此，在与他们谈话时，你要保持谦虚的态度。年龄大的人喜欢回忆往事，可以和他们聊聊本地市政的沿革、民情的变迁、风俗的演化等。也可以和他们聊一聊他的子孙后代，这些都是他们感兴趣的话题。

与年轻人谈话应沉着、稳重。这是因为后辈的思想虽然超前，但某些方面的知识他们还远不及自己，因此，你无须降低身份。另外，与后辈谈一些他们很感兴趣的事物，让他们相信你是从他们的立场来看待事物的，让他们明白你也有与他们一样的观念，这样谈话就能很顺利地进行下去了。

与同龄人谈话应保持自己的个性。谦虚而不傲慢，以幽默随和为最佳。一般来说，同龄人之间更容易找到共同话题。比如与同龄的男人可以谈工作、社会热点及业余爱好；而与同龄的女人可以聊美容、服装、化妆品以及她们的孩子等。只有这样，才能和不同的人聊得深入，获得他们的好感和认可，从而达到沟通的良好效果。

让声音和肢体语言为交流加分

在波兰有位明星，人们都称她为摩契斯卡夫人。一次她到美国演出时，有位观众请求她用波兰语讲台词。于是她站起来，开始用流畅的波兰语念出台词。观众们虽然不了解她台词中的意义，却觉得听起来令人非常愉快。

摩契斯卡夫人接着往下念后，语调渐渐转为低沉，最后在慷慨激昂、悲怆万分时戛然而止。台下的观众鸦雀无声，同她一起沉浸在悲伤之中。而这时，台下传来一个男人的笑声，他就是摩契斯卡夫人的丈夫——波兰的摩契斯卡伯爵，因为他的夫人刚刚用波兰语背诵的是九九乘法表！

从这个故事中我们可以看到，语调的不同竟然有如此不可思议的魅力。即使不明白其意义，也可以使人感动，甚至可以完全控制对方的情绪。

语调能反映出你说话时的内心世界，表露你的情感和态度。当你生气、惊愕、怀疑、激动时，你表现出的语调也一定不自然。从你的语调中，人们可以感到你是一个令人信服、幽默、可亲可近的人，还是一个呆板保守、具有挑衅性的人。你的语调同样也能反映出你是一个优柔寡断、自卑、充满敌意的人，还是一个诚实、自信、坦率以及尊重他人的人。

所以，我们说话时，要能够渗进人们心中，这样才能达到说服别人的目的。因此，在表示有疑问的时候，你可以稍微提高句尾的声音；要强调的时候，声音的起伏可以更大些；要表现强烈的感情时，可以把调子降低或逐渐提高。

总之，绝对不要使你的语气单调，因为音阶的变化会加强你的说服力。你的热情会在音阶的变化中展现，并且能够感染听者，从而产生说服的力量。

控制一下说话的音量

我们每个人的音量范围可变性很大，有时高，有时低，说话时，你必须善于控制自己的音量。高声尖叫意味着紧张惊恐或者兴奋激动；相反，如果你说话声音低沉、有气无力，会让人听起来感觉你缺乏热情、没有生机，或者过于自信、不屑一顾，或者让人感觉到你根本不需要他人的帮助。

苏珊是一家广告公司的资深业务经理，她最关心和留意客户的销售问题，并总是乐于帮助他人解决，但她的声音让人听来讨厌，那尖叫的声音就像一个小女孩发出的叫声。她的老板私下说，我很想提升她，但她的声音又尖又孩子气，让人感到她说的话缺乏认真。我不得不找一个声音听起来成熟果断的人来担任此职。显然，苏珊就是因为自己说话的音量不合适而失去了晋升的机会。

有时，当我们想使自己的话题引起他人兴趣时，便会提高自己的音量。有时，为了获得一种特殊的表达效果，又会故意降低音量。但大多数情况下，应该在自身音量的上下限之间找到一种恰当的平衡。

培养恰如其分的节奏

缺乏节奏感的语言是平淡呆板的，而节奏感强的语言抑扬顿挫，富有表现力，是吸引听者的最大秘诀。

人们在表达欢乐、兴奋、惊惧、愤怒、激动的思想感情时，语流速度一般较快；在表达忧郁、悲伤、痛苦、失望或心情沉静、回忆往事的心理活动时，语流速度一般较慢。当然，也有例外的情况，如内心的思想感情是很紧张、很激动或很愤怒的时候，语流速度表现出来的却是平缓的，而听众正是从说话者的平缓的节奏中，感觉到说话者内心感情在强烈地变化。

节奏感强的、动听的、连贯的语言，同唱歌和音乐有许多很相近的特点和因素。有些词语需急速地念出来，就像音乐中的8分音符和16分音符；另有些词语必须表现得有分量些，必须拖长些，就像全音符和2分音符；而连贯一气的词语，就像二连音或三连音。

字母、音节和单字——这就是语言中的音符，可以组成小节、一首歌或完整的交响曲。正是由于这种有节奏的语言，才使人们的讲话变得富有魅力。因此，要使自己的口头语言如同音乐般优美动听，就必须注意语言的节奏。

语言节奏的处理，既是说话者感情的表露，也是说话者思想水平和涵养的表现。

适时的停顿

一般来说，句子越长，内涵越丰富，停顿就越多；句子越短，内涵越少，停顿也越少；表现回味、想象等心理状态和凝重、深沉的感情，停顿较多，时间较长；表现明快的节奏和欢快的心情，停顿较少，时间也短。

停顿的气息处理，必须根据语言的内容合理控制，有时急停，有时徐停，有时强停，有时弱停。这种气息强弱急缓的变化，是停顿表情达意的必要手段。

停顿训练要从语法停顿、逻辑停顿、感情停顿、生理停顿等概念的理解和各种标点如何停顿的方法的介绍开始进行，逐步深入个体语言现象的分析，归纳出语流中的间隙停顿的规律。在此基础上，进行语段训练，录音后逐句评析。

可以根据要求做以下停顿设置练习。

（1）做领属性停顿练习："他当过营业员，干过报社记者，还做过电工。"（在"他"后做比后面逗号更长的停顿）

（2）做并列性停顿练习："过去我们没有被困难吓倒，现在我们也不会在困难面前畏缩不前。"（在"过去""现在"后安排停顿）

（3）做呼应性停顿练习："现在播送中央气象台今天早晨6点钟发布的天气预报。"（在"播送"后停顿，以表明与"天气预报"的响应关系）

（4）做区分性停顿练习："中国队打败了美国队获得冠军。"（若在"了"后停顿就会产生歧义，应在"美国队"后停顿）

（5）做强调性停顿练习："自古被称作天堑的长江，被我们征服了！"（在"被我们"后作较长停顿，以突出征服长江的英雄气概）

（6）做回味性停顿练习："心灵中的黑暗必须用知识来驱除。"（这句名言在"暗"字处停顿，给人留有思辨回味的余地）

（7）做生理性停顿练习："我……我丢了佛莱思节夫人的项链了。"（在"丢了""夫人"后增设停顿，表现因惊惧而口舌不灵）

（8）做情绪转换性停顿练习："满以为可以看到壮美的日出，却淅淅沥沥下起雨来。"（在"日出"后延长停顿，表达热切希望心情的延续与情况突变的心理暗示）

调整好说话的语气

抗日战争时期，文学大师郭沫若在台下观看自己创作的五幕历史剧《屈原》的演出，他听到婵娟痛斥宋玉：

"宋玉，我特别恨你，你辜负了先生的教训，你是没有骨气的文人！"

郭老听后，感到"你是没有骨气的文人"这句话骂得还不够分量，就走到后台去找"婵娟"商量。"你看，在'没有骨气的'后面加上'无耻的'三个字，是不是分量会重些？"

这时，正在一旁化妆、扮演垂钓者的演员张逸生灵机一动，插了话：

"不如把'你是'改为'你这'，'你这没有骨气的文人'，这多够味儿，多么有力！"

郭老拍手叫绝，连称："好！好！"

这一字之改，不仅使原来的陈述句变为坚决的判断句，而且使语言有强烈的感情色彩，语气也更加有力，婵娟的愤怒之情溢于言表。一个人只要驾驭了语气，就能够出口成章。

语气包含思想感情、声音形式两方面内容，而思想感情、声音形式又都是以语句为基本单位的。因此，语气的概念又表述为具体思想感情支配下的语句的声音形式。语音作为语言的物质外壳，是语气表达所必须依据的支持物。语言有表意、表情、表志的作用，语气相应地也分为三种：

（1）表意语气。表意语气指的是向对方传递某种信息。如陈述、疑问、祈求、命令、感叹、催促、建议、商量、呼应等。这种语气词或独立成小句，或用于小句末，或用于整个句子末尾。指明事实，提请对方注意，用"啊、呢、咯、嗯"等；催促、请求用"啊、吧"；质问、责备用"吗"，如与副词"难道"搭配，语气更为强烈；说理一般用"嘛"和"呗"；招呼、应呼用"喂"；揣测用"吧"。

（2）表情语气。表情语气是谈话中表现的感情。如赞叹、惊讶、不满、兴奋、轻松、讽刺、呵斥、警告等。赞叹用"呵、啧"，句中常有"多"字搭配；惊讶用叹词"啊、哎、哟、咦"；叹息用"唉"；制止、警告用"嘘、啊"；醒悟用"哦"；鄙视用"呸"；等等。

（3）表志语气。表志语气，就是对自己的说话内容表示某种态度。如肯定、不肯定、否定、强调、委婉、和缓等。肯定用"得了（是）……的"；缓和用"啊、吧"，语气显得平淡，不生硬；夸张用"呢、着呢"。

握手是人们平日运用得最多的一种手势语言，它承载着丰富、深邃而微妙的信息。一般说来，上级与下级、长辈与晚辈、女性与男性、主人与宾客之间，应由上级、长辈、女性、主人先伸出右手，下级、晚辈、男性、宾客才能伸出右手与之相握。握手力度要均匀适中，这是礼貌、热情、友善和诚恳的表示；而握手用力太轻，被认为冷淡、不够热情；用力太重，又会显得粗鲁无礼。

鼓掌通过左右手掌发出声响来表达情感或信息，在不同场合有不同的含义：在迎接宾客时鼓掌，是表示热烈欢迎；听报告时鼓掌，一般为赞扬演讲者讲得好；在告别会上鼓掌，则是表示感谢和惜别之意；在开座谈会时鼓掌，则含有支持、赞同之意。鼓掌常用来喝彩，在某种特殊的场合，它也可用来喝倒彩。喝倒彩时鼓掌，一般比吹口哨、扔果皮、丢食物的拒绝方式要文明委婉些。

在各种交际场合，遇到了相识的人，如距离较远，一般可举手招呼，也可点头致意，还可脱帽致意；遇到不熟悉的朋友，可点头或微笑致意；送别客人或朋友时，可举手致意，或挥手致意，也可挥手帕致意，或挥动帽子致意。手的挥动幅度越大，表现的感情也就越强烈。

手是不会说话的，只能做手势。但是，在许多不需要说话或不便说话的场合，手势就派上用场了。的确，手势在交际中有助于吸引听众的注意力，丰富谈话的内容。

摆正体姿

体姿语言是语言表达的一种特殊方式，在当今社会，通过体姿表达信息不仅是"修身养性"的基本要求，还是用来传递信息的重要体态语言。

在社会交际中，雅与俗的表现与显露，姿势是一个衡量的重要标志。姿势在礼节上是一种文明修养的表现，也是一个人良好素质的反映。优美的姿势联系着一个人的心灵，可以说是心灵舞姿的外化。形体动作的词汇是非常丰富的，它不仅可以传情达意，更可透露一个人的心态。不同的姿势可以反映一个人特定条件下的心态，通过姿势可以准确地窥测其心灵的俗与雅。

姿势是雅俗表现与显露的必要标尺，人的身体的每一个姿势变化通常都反映了交际者的文明程度。比如，社会交往中，步伐矫健，轻松敏捷，能让人感到年轻、健康和精神焕发；步伐稳健，端正有力，给人以庄重、沉着和自信的印象；步履蹒跚，弯腰弓背，垂首无神，摇头晃膀，往往给人以丑陋庸俗、无知浅薄或精神压抑的印象。又比如，交谈时高跷二郎腿，随心所欲地搔痒，习惯性地抖腿或是将两手夹在大腿中间和垫在大腿下，或是张开两腿呈现"大"字形，或有女性在场时，半躺半坐、歪歪斜斜地瘫在座椅上，都是失礼而不雅观的，会给人留下缺乏教养、低俗轻浮、散漫不羁的不良印象。

第二章

言之有"礼"，交流中的中国礼节

要记住"二次熟人"的名字

当你一开口就叫出别人的名字时，便表现出了对他人的尊重，这有利于进一步交流沟通。

在这个复杂的世界上，没有什么比关心别人更让人感动的事情了。而关心别人的前提，是先了解别人。这是一种交往的需要，在这样做的时候，也会发展一种能力。

拿破仑便是一个很好的例子。他能叫出手下全部军官的名字。他喜欢在军营中走动，遇见某个军官时，就叫他的名字跟他打招呼，谈论这名军官参与过的某场战斗或军事调动。他经常询问士兵的家乡和家庭情况。这让每个军官都对他忠心耿耿。

善于记住别人的姓名是一种礼貌，也是一种感情投资，在人际交往中会收到意想不到的效果。

美国一家电器公司的董事长请公司的代理商和经销商吃饭，他私下让秘书按座位把每位来宾的名字依次记下。这样董事长在饭桌上与每位老板交谈时都能随口叫出他们的名字，这使得每个人都惊讶不已，生意也顺利地谈成了。

其实，世界上天生就能记住别人名字的人并不多见，大多数人能做到这一点全靠有意培养。当你养成这个好习惯时，你便能在人际关系和社会活动中占有很多优势。

名字对于每个人来说都有着非常重要的意义。如果你记住别人的名字，这样很可能使他觉得比较受重视，说不定你还可以从记住一个人的名字这样的小事里把握难得的机遇。

有一所著名的学校招聘教师，要通过试讲从几名应聘者中选出一名。几名应试者都做了精心的准备。

上课的铃声响了，一个个试讲者分别微笑着走上讲台。其中，有一个试讲者为了避免"满堂灌"，也效仿前面几位试讲者的做法，设计了几次课堂提问，效果却很一般。下课时，比较自己与前面几名试讲者的效果，他觉得自己会输。

可是意想不到的事情发生了，第二天他接到被录用的通知，惊喜之余，他问校长为什么选中了他。校长语重心长地对他说："说实话，论那节课的精彩程度，你还稍逊一筹，不过在课堂提问时，你叫的是学生的名字，而其他人叫他们的学号。我们怎么能录用一个不愿意去了解和尊重学生的教师呢？"

在现代社会中，人与人之间的交往日益频繁，我们经常会碰到这样的事：两个人见面，其中一个人认识另一个人，而对方却早已忘记他姓甚名谁。发生这样的情况，不礼貌倒还是小事，若是赶上紧要场合，因小失大也不是没有可能。

有些人天生记忆力好，看书、阅人均过目不忘，有些人记忆力差一些，但若把这作为不礼貌的理由，也未免有些牵强。

也许，有人会认为这是小题大做，但是不可否认的是要求被尊重、被承认是每个人发自内心的真诚愿望。当你使对方有被尊重的感觉时，你便能获得对方的好感，而你所做的也只不过是记住一个人的名字而已。

谦卑，能铲除人际交往中的有害病症

中国有句俗话"树大招风"，如果你什么事都要占尽优势，很可能招致对方的忌妒，有时还可能在无意中伤害了对方，时间一长，难免造成孤家寡人的局面。

在日常生活中，与朋友交往，尤其是和一些地位与处境不如你的人交往，你内心是否会滋生一种居高临下的感觉？如果有，你应该及时铲除人际交往中的这种有害病症。

富兰克林是美国的政治家、科学家、《独立宣言》的起草人之一。他在美利坚合众国创建时曾留下了许多功绩，故有"美国之父"之称。

有一次，富兰克林到一位前辈家拜访，当他准备从小门进入时，因为小门低了些，他的头被狠狠地撞了一下。

出来迎接的前辈告诉富兰克林："很痛吧！可是，这将是你今天来拜访我的最大收获。要想平安无事地生活在世上，就必须时时记得低头。这也是我要教你的事情，做人要保持低调。"

从此以后，富兰克林记住这句话，并把"低调做人"引入人生的生活准则之中。其实，喜欢炫耀自己、锋芒毕露的人大多是有一定才华的人，他们不甘寂寞，常在言语行动上争强好胜。但是即使才华横溢，也不要到处炫耀，逞一时之快。

生活中，有些人总喜欢在别人面前炫耀自己的得意之事，总以为这样就会让朋友高看自己，使别人敬佩自己。殊不知，别人并不愿意听你的得意之事。特别是失意的人，你在他面前炫耀自己的得意之事，他会更恼火，甚至讨厌你。

一次，有人约了几个朋友来家里吃饭，这些朋友彼此都很熟悉。主人把他们聚拢来主要是想借着热闹的气氛，让一位目前正陷入低潮的朋友心情好一些。

这位朋友不久前因经营不善，关闭了一家公司，妻子也因为不堪生活的压力，正与他谈离婚的事，内外交迫，他实在痛苦极了。

来吃饭的朋友都知道这位朋友目前的遭遇，大家都避免去谈与事业有关的事。可是其中一位姓吴的朋友因为目前赚了很多钱，几杯酒下肚，忍不住就开始谈他的赚钱本领和花钱功夫，那种得意的神情，连主人看了都有些不舒服。

那位失意的朋友低头不语，脸色非常难看，一会儿上厕所，一会儿去洗脸，后来他猛喝了一杯酒，就匆匆离开了。主人送他出去，在巷口，他愤愤地说："老吴会赚钱，也不必那么神气地炫耀啊！"

主人了解他的心情，因为多年前他也遇过低潮，正风光的亲戚在他面前炫耀他的薪水、年终奖金，那种感受，就如同把针一根根插在心上一般，说有多难受就有多难受。

如果你不想失去朋友，就要时刻保持低调、谦逊的风度，如果你不想让有真知灼见的朋友对你避而远之，最好不要过于炫耀自己。要记住，喜欢炫耀只会令你失去得越来越多。

别人郁闷时多说些让他宽心的话

最近几年流行一个词：郁闷。所谓郁闷，也就是遇到了不顺心的事情，心情不好。在这个竞争激烈的社会，人们经常会遇到让人郁闷的事情，也经常会碰到正处在郁闷中的人。现在就出现一个问题：对郁闷的人怎样安慰，说什么话比较好？正确的方式是多说理解的话。

要想对郁闷的人说些理解的话，首先要弄清对方为什么郁闷。如果不知道原因，随便地安慰一气，就可能会火上浇油。有这样一则笑话：

有一个妈妈带着她的小宝贝出去，在公交车上哄着她的宝宝。

有一个乘客很好奇地把头凑过来，看了就说："哇！好丑的宝宝！"

妈妈听了好难过，就一直哭，一直哭。

后来公交车停到某一站，上来了一些新的乘客。

有一个好心的乘客看她哭得这么伤心，就安慰她说："这位女士你为什么哭得这么伤心呢？凡事都要看开点儿，没有解决不了的事情嘛！好了，好了，不要再哭了。我去帮你倒杯开水，心情放轻松点儿嘛！"过了一会儿，那个乘客真的倒了一杯水给她说："好了，别再哭了，把这杯水喝了就会舒服点儿，还有这根香蕉是给你的猴子吃的。"

这位妈妈听了，差点哭晕过去。

笑话里面的那位好心的乘客还没有弄清女士为什么在那儿哭，就随便安慰一通，当然会驴唇不对马嘴了。所以说，首先应该知道别人郁闷的原因，然后对症下药，才能说出真正理解人的话，达到安慰的目的。

小罗是一名大学生，他很喜欢一个女同学。大家都知道这个女同学跟一个家里很有钱的男生非常暧昧，就经常劝小罗一定要小心。但俗话说"当局者迷，旁观者清"，小罗一直说那女同学告诉他了，她跟那个男生只是一般的朋友关系。

这种状态维持了半年，突然有一天晚上，小罗垂头丧气地回到了宿舍，什么也不说就躺到床上。晚上熄灯很久了，他还在那儿辗转反侧。第二天大家问他怎么回事，小罗伤心地说那个女孩昨晚约他出去，说从来没喜欢过他，自己现在是别人的女朋友了。

大家听了七嘴八舌地教训小罗，说他早就应该听大家的劝，弄到今天是活该。只有小王默默地听着。午饭的时候他把小罗约到一个饭馆，拿了两瓶啤酒，一边吃一边聊。小王告诉小罗，他自己也碰到过类似的事情，所以非常理解他。自己当时也是很难走出那种心灵的痛苦，幸好一个学心理学的同学告诉他多出去走走，多跟人交往，不要把自己封闭起来，他照着做了之后，才在较短的时间里恢复了过来。他劝小罗重新拾起信心，面对生活，好女孩多的是，不一定非要指着一个不爱自己的要。

小罗听了他的话，精神稍微振作了一些。此后他积极地参加集体活动，加上大家也都热心帮助，他很快就恢复了乐观的生活状态。

有一句话叫"理解万岁"。家家都有本难念的经，我们在自己碰到郁闷事情的时候希望得到别人的理解；而在别人郁闷的时候经常不能理解对方的心情，不能发自肺腑地说出理解的话。其实如果设身处地想想，别人和自己是一样的，自己希望别人理解，别人又何尝不是呢？多说些理解的话，别人就会把你当成真心朋友，赞赏你，信任你，把你当成知己。在你郁闷的时候也会真心地理解你，说一些让你宽怀的话，人际关系的局面不是会就此大大地好起来了吗？

维护朋友的自尊心，留住友谊

你给朋友面子，朋友自然也会回报你，如果你有什么事需要朋友帮忙，朋友也会鼎力相助。

很多人认为，朋友之间可以毫无顾忌，想说什么就说什么。而实际上，越是要好的朋友，越应该维护对方的面子，说话办事时不要伤害朋友的自尊心，这样，你们的友情才能长久。

陈文进公司不到两年就坐上了部门经理的位子，但是有个别下属不服他，有的甚至公开和他作对，他从小玩到大的朋友钱诚就是其中的一位。自从陈文做了部门经理之后，钱诚经常迟到，一周5

天，他甚至有 4 天迟到。

按公司规定，迟到半小时就按旷工一天算，是要扣工资的。问题是，钱诚每次迟到都在半小时之内，所以无法按公司的规定进行处罚。陈文知道自己必须采取办法制止钱诚这种行为，但又不能让矛盾加深。

陈文把钱诚叫到办公室："你最近总是来得比较迟，是不是有什么困难？"

"没有啊，堵车又不是我能控制的事情，再说我并没有违反公司的规定呀。"

"我没别的意思，你不要多心。"陈文明显感觉到了对方的敌意。

"如果经理没什么事，我就出去做事了。"

"等等，钱诚，你家住在体育馆附近吧？"

"是啊。"钱诚疑惑地看着对方。

"那正好，我家也在那个方向，以后你早上在体育馆东门等我，我开车上班可以顺便带你一起来公司。"

没想到陈文说的是这事，钱诚反而有些不好意思，喃喃地说："不，不用了……你是经理，这样做不太合适。"

"没关系，我们是朋友啊，帮这个忙是应该的。"

陈文的话让钱诚脸上突然觉得发烧，人家陈文虽然当了经理，还能平等地看待自己，而自己的这种消极行为，实在是不应该。事后，钱诚虽然谢绝了陈文的好意，但他此后再也不迟到了。

知道你的朋友做错了，直接提建议很可能会伤及他的面子，同时会破坏你们的友谊，不如学学陈文的做法，迂回指出缺点错误。

朋友相交，一定要学会维护对方的面子。你给朋友面子，朋友自然也会回报你，如果你有什么事需要朋友帮忙，朋友也会鼎力相助。

说话前要弄清对象

想要受到大家的爱戴与尊敬，就一定要先弄清你的交流对象。

只有了解了对方，才能知道下一步该做什么，该有怎样的准备。每个人都有每个人的特点与性情，同样，每个人也有每个人说话的原则与不能触碰的底线。

接下来就让我们一起来看看下面例子中的主人公在谈话上又是犯了什么样的错误呢？

米粒是一家销售保健药品的业务员，主要负责销售一些减肥药、增高药、维生素之类的保健品，因为工作需要，米粒不得不多一些地打开自己的交际圈，去外面认识接触更多的朋友，这样才能推销出更多的保健品，使得自己的业绩不至于在公司排名最差。

这一天，米粒经过一个好姐们儿的介绍，认识了某知名企业的财务经理，米粒心里估摸着，要是能和她处好关系，没准儿能多买我几套保健品呢，于是，便把这名财务经理约到了咖啡厅一起聊天。

"王姐啊，最近怎么样，工作累不累啊？可一定要注意身体呢。"

"还好，还好，不怎么忙。"财务经理回答道。

"要不，我免费送你几款保养品吧，吃了保准儿对气色好呢。"米粒赶紧提到自己的保健品。

"很有作用吗，说得我倒挺动心的呢。"

"有用有用，吃了我们的保养品，那小皮肤绝对水灵灵的，到时候你老公绝对都不带看其他女的一眼的，天天盯着你看。"米粒越说越来劲儿，正要从包里拿出自己早已准备好的保健品。结果这位财务经理却说了这样一句话："行了，别拿了，我想起来了，我还有事，先走了。"说着财务经理就转身离开了咖啡厅，连给米粒说再见的机会都没有。例子中的主人公米粒此时很是纳闷儿，不知道自己究竟哪句话惹到了王姐，于是立马给自己的好姐们儿打了个电话，将聊天的全部内容原原本本地告诉了这位好姐们儿，想让她一起帮着分析分析，结果自己的好姐妹们儿却告诉了这么一个真相："米粒啊米粒，你约她出去怎么也不跟我说一声呢，我好多告诉你一些事情，让你加深对她的了解啊，你是不知道，王姐和她老公最近刚离婚，她老公就是被一个年轻小姑娘给勾搭走的，你可真是说到了她的死穴啊。"

听到了这种答案的米粒，相当地懊悔，真不该这么着急地先下手，要是能先了解一下对方，就该知道什么话能说什么话不能说了，此时的米粒特别郁闷。

那么，看完这个例子的朋友们，有没有什么收获呢？其实，在我们的生活中，也有很多人，不管三七二十一，不管对方是什么样的人，上去就侃侃而谈，想要与对方熟络起来，有些时候把对方惹生气了，或是说了一些对方不感兴趣、厌烦的事情，自己还浑然不知呢。所以，要懂得先弄清楚谈话对象的情况，再说出相宜的话，是非常重要的语言学习之道。

记住，说话方式要因人而异。

第三章

言语得体，日常交往中必学的交际语

说好皆大欢喜的祝贺话

当亲朋好友遇到大喜事时，我们都会表示祝贺。但倘若我们没有针对性地胡乱祝贺，没有说好祝贺话，那么我们的"热心"换来的很可能就是对方的"白眼"。

祝贺是人们在生活中经常遇到的，是人与人之间交往的一种礼仪。每当我们遇到人生中的大喜事时，亲戚、朋友都会通过某些方式表达祝贺。祝贺时要注意仪表端庄，举止适度，祝词应视对象、场合和内容而定。

从语言表达的形式看，祝贺语可以分为祝词和贺词两大类。祝词是指对尚未实现的活动、事件、功业良好的祝愿和祝福之意。贺词是指对于已经完成的事件、业绩表示庆贺的祝颂。祝贺要注意以下几点。

1. 情景性

祝贺一定要考虑到特定的环境、特定的对象、特定的目的，使之具有明确的针对性，因为祝贺一般是在特定的情景下进行的。

鲁迅有篇散文叫《立论》，讲到这样一个故事：一家人家生了个男孩，合家高兴透顶。满月的时候，抱出来给客人们看，大概自然是想得到一点好兆头。一个说："这孩子将来要发大财的。"他于是得到一番感谢。一个说："这孩子要做大官的。"他于是得到几句赞美。另一个说："这孩子将来是要死的。"他于是被大家合力痛打。

在这个故事中，这个说孩子将来是要死的人，他的话从理论上来说是没有错误的，可是他的话不适合此种情景。所以惹人厌恶是必然的事情。不顾当时的特定情景，讲不合时宜的话会遭人唾弃。

祝贺总是针对喜庆之事，因此，不应说不吉利的话，应讲使人高兴的话。

2. 情感性

祝贺语要达到抒发感情，增进友谊的目的，必须有较强的感染力，因此要求语言富有感情色彩，语气、语调、表情等都要带情感。

3. 简括性

祝贺语简洁有力，才能产生强烈的感染力。

有些祝词、贺词是人们的临时发挥，但必须紧扣中心，点到为止，给听众留有回味的余地。

4.礼节性

祝贺词一般需站立发言，称呼要恰当。不要看稿子，双目要根据讲话内容时而致礼祝贺对象，时而含笑扫视其他听众。要同听者做有感情的交流。

餐桌上会说话，感情上好沟通

餐桌是交流感情、拉近彼此距离的一个重要场所，聪明的人在餐桌上会巧妙说话，借由请客吃饭沟通感情，拉近彼此之间的距离。

在正式用餐之前，通常主人会先招待客人喝点餐前酒，吃些小点心，一方面开开胃，另一方面也可等到客人来齐了再上桌。这是你与其他客人建立联系、交流信息的最佳时刻。不妨趁此机会主动与其他人交流，帮助主人照顾好别的客人，使聚会的气氛更加活跃。

在一场由营销人士参与的宴会上，幽默的宴会主持人说："我们得先规划一下市场，大家千万不要喝出状况了，请各位先对自己做好定位啊！"宴会上少不了做自我介绍，刘先生第一个开口："我来做一下前期炒作吧！"老朋友李先生也站起来："来来来，我们做个联合炒作，一起推销吧！"其他人一听，乐了："你们蛮会做关系营销嘛！不过，可千万别搞恶性竞争啊！"

并非每个人都有新闻发言人那样的口才，也不可能"上知天文下知地理"，所以在与人交流时，难免会遇到一时答不上来的问题，这时不要感到太难为情，也不要不懂装懂，应该先弄清楚对方的意图，然后尽你所能地帮助对方解疑释惑。

不管是商业交流，还是朋友聊天，都要注意语言表达的得体。同时，要尽量使自己的语言表达具有幽默感，营造一个和谐、轻松、愉悦的氛围。

"无功不受禄"，请客要找好理由

请客的理由也五花八门，生日、乔迁、工作调动、开业典礼等都能成为请客的理由。但是，找一个好理由宴请别人是最重要的。

中国有句古话叫"无功不受禄"。因此请别人吃饭一定要找个合适的理由，恰当的宴请能大大拉近人与人之间的距离。

应根据对象而采取不同的方式发出邀请。如大多数学者、专家等，工作忙、时间紧，公开邀请，甚至借助传播媒介，既能体现公正无私、光明磊落，又有利于引起关注、促进宣传、扩大影响。

对熟人发出邀请，可采用开门见山的方式，例如，当你想邀请上级领导吃饭时，可以直接说："请问是徐经理吗？我们某日在某某酒楼吃饭，过来认识几个朋友吧，我们等你来啊。"这种方式自然亲切。

或者采用借花献佛式，例如，"陈工！今天获奖名单公布了，我中奖了！走吧，我们去庆祝庆祝！"或采用喧宾夺主式，例如，"哦！你中午没有时间啊？没有关系，这样吧，下午我去订个位置，然后晚上你带上家人，我们一起去吃怎样？晚上我给你电话！"这样发出的邀请，别人就很难再有借口推辞了。

请客的理由也五花八门，但是，找一个好理由宴请别人是最重要的。

商务宴会上的不宜话题

不恰当的话题会招来不必要的麻烦，以下话题是在宴会上不宜涉及的。

1. 薪水问题

很多公司不喜欢职员之间谈论薪水，因为同事之间工资往往有不小的差别，"同工不同酬"是老板常用的手法，用好了，是奖优罚劣的一大法宝，但它是把双刃剑；用不好，就容易引发员工之间的矛盾，而且最终会调转枪口朝上，矛头直指老板，这当然是他所不想见到的，所以他对好打听薪水的人总是格外防备。

关于薪水问题，有两点需要注意。首先你不要做这样的人。其次如果你碰上有这样的同事，最好早做打算，当他把话题往工资上引时，你要尽早打断他，说公司有纪律不谈薪水；如果不幸他语速很快，没等你拦住就把话都说了，也不要紧，用外交辞令冷处理："对不起，我不想谈这个问题。"有来无回一次，就不会有下次了。

2. 私人生活

无论你是失恋还是热恋，都别把情绪带到工作中来，更别把故事带进来。不要说起来只图痛快，不看对象，而到事后懊悔不已。

要知道说出口的话如同泼出去的水，再也收不回来了。

商场上风云变幻、错综复杂，把自己的私域圈起来当成商务话题的禁区，轻易不让公域场上的人涉足，其实是非常明智的一招，是竞争压力下的自我保护。"己所不欲，勿施于人。"如果你不先开口打听别人的私事，自己的秘密也不易被打听。

千万别聊私人问题，也别议论自己公司或客户公司里的是非长短。你以为议论别人没关系，用不了几个来回就能"烧"到你自己头上，引火烧身，那时再"逃跑"就显得被动了。

3. 家庭财产

不是你不坦率，坦率是要分人和分事的，从来就没有不分原则的坦率，什么该说什么不该说，心里必须有谱。

就算你刚刚新买了别墅或利用假期去欧洲玩了一趟，也没必要拿到宴会上来炫耀。有些快乐，分享的范围越小越好。被人妒忌的滋味并不好受，因为炫耀容易遭人算计。

无论露富还是哭穷，在宴会上都显得做作，与其讨人嫌，不如知趣一点，不该说的话不说。

4. 黄腔黄调

有些人为了活跃气氛，喜欢说一些黄色笑话，实在是不明智的做法。大多数的人说黄色笑话往往成了下流不堪的话，造成对方的尴尬，弄不好还惹上"性骚扰"的罪名，得不偿失。除了尽量避免说黄色笑话外，还要学会如何应付对方向你开黄腔。许多女性对于男同事的黄腔采取好言相劝或不理不睬，装作自己"耳背"没听见，这样会使男同事认为你软弱好欺负，他们不但不会"同情"

你，反而会变本加厉。理想的方式是巧言以对，既对他们的话表示抗议，又运用机智和幽默的口吻含蓄地进行还击。识趣的男同事会自讨没趣地拍拍屁股走开。

千万别装作听不懂，越是听不懂，对方基于捉弄的心理，越会说给你听。如果无法阻止对方住口，干脆起身避开，来个耳不听为净。

第四章

笑融僵局，幽默让沟通更融洽

多点幽默，让话语变有趣

幽默是运用意味深长的诙谐语言抒发情感、传递信息，以引起听众的快慰和兴趣，从而感化听众、启迪听众的一种艺术手法。如果我们的言语中能多点幽默，那么我们所说的话将更加有趣，会吸引更多的人。

一位著名的作家曾经说过：生活中没有哲学还可以活下去，然而没有幽默的话，恐怕只有愚蠢的人才能生存。幽默是一个人的各种学识、才华、智慧在语言中的集中闪现，是一种"能抓住可笑或诙谐想象的能力"，它是对社会上种种不协调、不合理的荒谬、偏颇、弊端、矛盾实质的揭示和对某些反常规言行的描述。幽默的语言可以使我们内心的紧张和重压释放出来，化作轻松的一笑。在沟通中，幽默的语言如同润滑剂，可有效地降低人与人之间的"摩擦系数"，化解冲突和矛盾，并能使我们从容地摆脱沟通中可能遇到的困境。

有一对夫妇带着一个 6 岁的孩子去租房，他们看中了一处房子，可房东不肯将房子租给他们。原因是她喜欢安静，从不将房子租给有孩子的人。夫妇交涉无果，于是 6 岁的孩子对房东说："您可将房子租给我呀，我没有孩子，只有爸爸妈妈。"房东真的把房子租给了他们。孩子从成人的视角看问题，构成了独特的趣味思维形式，让人享受到一种浑然天成的天真情趣。

由此看来，幽默不是故作天真，而是从多重视角去透视事件或问题，并找出其中富有情趣的一面，对其进行凸显化、集中化的语言处理，从而化紧张、严肃为轻松、谐趣。幽默是人们适应环境的工具，是人类面临困境时减轻精神和心理压力的方法之一。契诃夫说过："不懂得开玩笑的人，是没有希望的人。"可见，生活中每个人都应当学会幽默。多一点幽默感，就会少一点气急败坏，少一点偏执极端。

幽默可以淡化人的消极情绪，消除沮丧与痛苦。具有幽默感的人，其生活充满情趣，许多看来令人痛苦烦恼之事，他们却应付得轻松自如。用幽默来处理烦恼与矛盾，会使人感到和谐愉快，友好幸福。那么，怎样使语言富有幽默感呢？不妨试试以下几种方法。

1. 颠倒成趣

把正常的人物关系，或者动机与效果在一定条件下互换位置。

曾风靡一时的舞蹈家写信向幽默大师萧伯纳求爱，她在信中说："如果我俩结合，生下的孩子，既有我美丽的外表，又有你睿智的头脑，这该多妙呀！"萧伯纳却风趣地回信说："如果孩子的外表像我，头脑却像你，那该有多糟啊！"

2. 移花接木

把在某种场合下十分恰当的情节或语言，移植到另一迥然不同的场合中，达到张冠李戴、"荒唐"可笑的幽默效果。

生物学家格瓦列夫在一次讲课时，一位学生突然学起鸡叫，引起一片哄笑。格瓦列夫却不动声色地看了下自己的挂表说："我这只表误时了，没想到现在已是凌晨。不过，请同学们相信我的话，公鸡报晓是低等动物的一种本能。"

3. 故意"卖关子"

首先故意提出一个容易使人产生误解的结论，然后再做出一个出人意料的分析和解释。

作家柯南·道尔在罗马时，一次乘坐出租车去旅馆，途中两人聊了起来。司机问："你是柯南·道尔先生吗？""你怎么知道我的名字？"柯南·道尔奇怪地问道。"啊，简单得很，你是在罗马车站上车的，你的穿着是英国式的，你的口袋里露出一本侦探小说来。""太了不起了！"柯南·道尔叫起来，他很惊奇在意大利会碰到第二个"福尔摩斯"。他习惯地问一句："你还看到其他什么痕迹没有？""没有，没有别的，除了在你皮箱上我还看到你的名字外。"

可见，司机故意"卖关子"，让柯南·道尔误以为他是第二个"福尔摩斯"。然后，司机再出乎意料地解释，造成强烈的幽默感。

4. 巧设悬念

当你叙述某件趣事的时候，不要急于显示结果，应当沉住气，给听众营造一种悬念。假如你迫不及待地把结果讲出来，或通过表情动作的变化透露出来，幽默便会失去效力，只能让人感到扫兴。

美国有个倒卖香烟的商人到法国做生意。一天，他在巴黎的一个集市上大谈抽烟的好处。突然，从听众中走出一位老人，径自走到台前，那位商人吃了一惊。

老人在台上站定后，便大声说道："女士们，先生们，对于抽烟的好处，除了这位先生讲的以外，还有三大好处哩！"美国商人一听这话，连连向老人道谢："谢谢您了，先生，看您相貌不凡，肯定是位学识渊博的老人，请你把抽烟的三大好处当众讲讲吧！"老人微微一笑，说道："第一，狗害怕抽烟的人，一见就逃。"台下听众一片轰动，商人不由得心里暗暗高兴。"第二，小偷不敢偷抽烟者的东西。"台下听众连连称奇，商人更加高兴。"第三，抽烟的人永不老。"台下听众惊诧不已，商人更加喜不自禁，听众中要求解释的声音一浪高过一浪。老人把手一摆，说道："请安静，我给大家解释！"商人格外振奋，催促老人快说："老先生，请您快讲！""第一，抽烟之人驼背的多，狗一见到他认为是在弯腰拾石头打它，能不害怕吗？"台下听众笑出了声，商人心里一惊。"第二，抽烟的人夜里爱咳嗽，小偷以为他没睡着，所以不敢去偷。"台下听众一阵大笑，商人大汗直冒。"第三，抽烟人短命，所以没有机会衰老。"台下听众哄堂大笑。此时，大家发现商人不知什么时候溜走了。

这则幽默一波三折，层层推进，老人在把听众的胃口吊得足够"高"时，才不慌不忙地把真实意思表达出来。这就是巧设悬念的魅力。

在与别人交往时难免发生一些不必要的摩擦。如果此时从容地开个玩笑，紧张的气氛就能得以缓解，而且对方会被你的魅力所吸引，被你的宽广胸怀所感动，最后真正乐意地接受你。幽默是一种智慧的表现，它必须建立在拥有丰富知识的基础上。一个人只有具备审时度势的能力、广博的知识，才能做到谈吐幽默，妙言成趣。因此，要培养幽默感必须不断充实自我，不断从浩如烟海的书籍中汲取幽默的智慧。

善用调侃，让自己更受欢迎

想成为受欢迎的人，未必要比他人多付出多少艰辛，未必要给他人多少好处，而在日常生活中通过各种方式不断沉淀和积累而来的，适当的调侃是让自己更受欢迎的有效手段之一。

幽默是人的天性，没有人不向往愉悦的生活。当遇到不如意时，会调侃的人更懂得如何调剂。当受到不公平待遇时，他们即使心情郁闷到极点，也会通过独有的幽默和调侃的语言向人传递出快乐的信息。这样的人乐天且幽默，对生活充满激情，浑身上下洋溢着一种能使人愉悦的气场。

在机关单位上班的老陈人缘极好，单位中无论是领导还是同事，只要提到老陈，没有人会说他的不好。老陈是个大胖子，行动不便，可是他从未因为胖而自卑。一次，办公室的同事们趁午休的空当闲聊，说到了"胖"这个话题。性格开朗的老陈对同事们说："你们信不信，其实我是个极具亲和力的男人。当在公交车上让座时，我完全能够让两位老人或三位身材苗条的女士坐下。"老陈的一席话博得在座的同事哈哈大笑，这种轻松愉快的自我调侃表现出他非凡的亲和力。老陈的谈吐给同事们带来了轻松感，使交谈的氛围更加和谐融洽。

其实，适当的调侃不但能在日常社交中起到催化剂的作用，让你获得好人缘，还能帮你获得意想不到的收获呢！

紫欣是个性格挑剔而又感性的女孩，大学毕业后交往过几个男朋友，结果都无疾而终，这令家人和朋友都很不理解。在众人的期盼之下，紫欣终于宣布了自己即将结婚的消息！

结婚那天，紫欣的好多亲友都来了，看着她幸福的样子，好朋友们禁不住问她：“你丈夫到底有什么好，能让你义无反顾地选择了他？”因为朋友们都知道，紫欣的丈夫并不是众多追求者中的佼佼者，他既不是最帅的，也不是最有能力的，而紫欣却毅然地接受了他的求婚。紫欣嫣然一笑，说道：“其实没有什么特别的，只是和他在一起我觉得很快乐，无论遇到什么情况，他都能用他那恰到好处的幽默来逗我笑！”原来如此，新郎以幽默的调侃赢得美人的芳心，“侃”到爱人，“侃”出好姻缘。

调侃可以为我们带来正面效应，但我们不要就此认为只要是调侃都会收到理想的效果。适当的调侃的确可以为平淡的生活带来一份美意、一丝涟漪，让生活变得不无聊。但是，调侃千万不能过度，肆无忌惮的调侃会让人觉得自己是在被人开涮，会让人产生误会，更别说获得对方的好感和认可了。所以，要掌握好调侃的度。调侃要分时间、场合，最重要的是要注意被调侃的对象，说话要分轻重，这样才能避免过度调侃引发的不快。

反常规的类比幽默

类比幽默法是指把两种或两种以上互不相干甚至完全相反的、彼此之间没有历史的或约定俗成的联系的事物放在一起对照比较，显得不伦不类，以揭示其差异之处，即不协调因素。

在类比幽默中，对比双方的差异越明显，对比的时机和媒介选择越恰当，所造成的不协调程度就越强烈，对方对类比双方差异性的领会就越深刻，所造成的幽默意境也就越耐人寻味。

人们的日常生活和科学研究一样，凡分类都是约定俗成，得用同一标准，否则，必然造成概念的混乱，导致思维无法深入进行。人们从小就训练掌握这种最起码的思维技巧。如：马、牛、羊、桃就不能并列在一起，人们会把桃删去，这是科学道理，但并不幽默。

在类比分类时要产生幽默的趣味恰恰要破坏这种科学的逻辑规律，对事物加以不伦不类的并列。

赵阿婆的女儿吵着要买嫁妆，赵阿婆气恼地说："你的婚事也不和我商量，东西我不买！"

母女大吵起来，引得许多邻居来看。

邻居陈伯站出来说："你不能怪她没和你商量啊！"

赵阿婆问："为什么？"

"你当年成亲时不是也没和女儿商量吗？"陈伯反问道。

赵阿婆一时语塞。女儿却高兴起来，陈伯又转身对姑娘说：

"你妈不给你买是不对，可你妈出嫁时，你给她买了吗？人要彼此一样才好呀！"

母亲成亲和女儿商量与母亲成亲女儿买嫁妆并列在一起，都是不可能的事，意思完全相反，差异巨大，但说明了母女二人争吵的理由，是都没有为对方着想，因此，经陈伯如此点化，母女二人不得不心服口服。

类比幽默术是个反常规的"坏孩子"，它是借着一丝灵气，将事物不伦不类地加以归类。因其具有简便的特征，常为人们所使用。

星期六，一位年轻人照例进城卖鸡蛋。他问城里常打交道的中间商："今天鸡蛋你们给多少钱一个？"

中间商简单地回答："两美分。"

"一个才两美分！这价真是太低了！"

"是啊，我们中间商昨天开了个会，决定一个鸡蛋的价格不能高于两美分。"

年轻人艰难地摇摇头，很无奈，但也只好将蛋给卖掉，回去了。

第二个星期六，这个年轻人照例进城了，见的还是上次那个中间商。中间商看了看鸡蛋，说："这个星期你的鸡蛋太小了。"

"是啊，"年轻人说，"我们的母鸡昨天开了一个大会，它们做出决定，因为两美分实在太少，所以不能使劲儿下大蛋了。"

一个是人会，一个是鸡会，并列一比，妙趣横生。

类比幽默的幽默感是"比"出来的，其情趣也是"比"出来的。这样就有利于对方心理接受。我们看下面一例：

有一位中学生，成绩很好，几乎每次考试都是全班前两名。有次考到第五，她妈妈生气地说："去年我为你感到骄傲，这次你怎么了，你曾经是班上考得最好的呀！"

女儿微笑着说："每个同学的妈妈都想为自己的孩子考第一而骄傲。如果我老是第一，他们的妈妈可怎么办呀？"

孩子得第一的妈妈的心情和孩子成绩差的妈妈的心情并列相比，两种心情完全相反，其趣就生于此。

类比幽默是把风马牛不相及的一些概念，或彼此之间没有历史的或约定俗成的联系的事物放在一起对照比较，显得不伦不类，以揭示其差异之处，即不协调因素。它能使人在会心的微笑或难堪的境况中开启心智，受到教育。

人们都清楚，微妙的男女关系里，有不少奇妙的心理因素支配着，要是你能巧妙地掌握和运用这些因素为自己服务，你将战无不胜，而这里所说的技巧就是幽默。

男人在没有竞争的情况下，获得女性的青睐后，他的自大心理便会油然而生，自以为很了不起，并且在自大之余，还会小看那位小姐，不珍惜那段情感。因此，女性这时就有必要抬高自己的身份去提醒他，以便获得较公平的对待。这时幽默是绝佳工具。

因为男人有保护、支配女人的愿望，同时对于容易获得的常常漠然视之，而对不易到手的却有着憧憬的倾向。巧妙控制这一心理，用实用效果极佳的类比幽默术是再好不过的了。

女朋友："我得告诉你，今天我接吻了5次。"

男朋友："什么？你说你今天是第5次接吻了？"

女朋友："是。"

男朋友："还有 4 个是谁？"

女朋友（故意停顿一下）："苹果、橘子、蔷薇、姐姐的孩子。"

这里的幽默之趣就出在那不相称的排列上，一时把男朋友的心搞得七上八下，会让他永远记住这一次的吻。你的智慧使他认为你是有价值的女性而对你另眼相看。

操作类比幽默术时，要注意将智慧和超脱精神结合起来，因为你的智慧能帮你选择多种类比对象，而你的超脱精神则能保证你不受一些不合理或常规思想的束缚。当你使用幽默术时，不妨参考一下先辈前人在这方面所留下的经典范例，你可以从中得到不少经验。

开玩笑要符合场合

有些场合，适合大家说说笑笑，但有些场合，是不能开玩笑的。说话要注意场合，开玩笑更是如此。

一般来讲，严肃、静穆的场合，言谈要庄重，不能开玩笑。而在喜庆的场合，则要注意自己所开的玩笑能否给喜庆的环境增添喜悦的气氛。如果你的玩笑使人扫兴就不好了。工作时间不宜开玩笑，以免因注意力分散影响工作，甚至导致事故……总的来说，开玩笑一定要先看清楚场合，搞清楚状况。

1. 正式场合与非正式场合

交际场合有正式（公开）与非正式（私下）之分，一般来讲，在正式场合，所表达的内容及采取的形式应当是比较庄重的，而在非正式场合，就可以随便一些。

有一位很有知名度的老干部做报告，一开始，报告人先客气了一番，无非是说自己并没有做什么，也不是什么了不起的大人物，到这里，他又说出了这么一句："我只不过是一个骚达子。""骚达子"是东北口语中表示"跑腿的""听人指使的""无足轻重的小人物"等意思的词，含有较强的戏弄或蔑视意味。据说，这是一个来自俄语的音译词。在这样一个正式场合，用了这么一个"不登大雅之堂"的词，使人感到很不协调。

非正式场合中可以开的玩笑话，用在正式场合中就显得过分了。

据报载，葡萄牙的环境部部长只因不看场合说了句玩笑话而丢掉了乌纱帽。事情是这样的：葡萄牙的阿连特加地区，因水中含铝超标，已经致使 16 个人的大脑受损医治无效而先后死去，医院里还有些同样的病人处于危险状态。政府决定彻底查清原因，采取防治措施。为此，环境、卫生部门的负责人、专家和有关医生在米纽大学举行讨论会。会后休息时，环境部部长指着医院的几个医生对大家开玩笑说："你们知道他们和阿连特加地区最近死去的那些人有什么关系吗？他们将那些人弄到回收工厂，从那些人的肾脏中回收铝。"

这当然是说笑话，怎么可能从人体中回收铝呢？但是，在这样不幸的令人焦灼不安的时刻和场合开这样的玩笑，实不应该。为此，这位环境部长事后声明道歉，并引咎辞职。

这些事例充分说明，在正式场合与非正式场合说话的影响力是不同的，在正式场合说话应特别谨慎，否则就会得罪人。

2. 喜庆场合与悲痛场合

在有些交际场合，某种情感色彩的氛围很浓，在这样的场合氛围中，要求人们的言行要与此情此景相一致、融合。比如，在喜庆的场合，人们的言行就应有更多的欢乐色彩，彼此在情绪上才能共鸣。在悲伤的场合，人们的言行应更有人情味，更富同情色彩，才有助于感情的沟通。

一般情况下，人们不会有意识地讲一些与某一场合中的气氛截然相反的话，比如在喜庆的场合说悲痛的话，或者颠倒过来，在悲痛的场合说逗笑的话。

不拿别人的隐私开玩笑

无伤大雅的才是玩笑，拿别人隐私开玩笑，是对别人的不尊重，不仅冒犯了别人，最终还会伤害自己。

一般来讲，开玩笑都想达到一种令人回味无穷的幽默效果，但是，有人开玩笑侵犯了别人的隐私，这实在太过分了。其实，玩笑能否令人回味无穷，在于巧妙、含蓄的构思，精辟、深奥的哲理，浅显、滑稽的表现形式，幽默的引证，以及特定的矛盾、特定的情境，等等。用过分的语言去开玩笑，难免出现污言秽语。不宜过度地开玩笑，应该适可而止。

每个人都有自己的秘密，都有一些压在心里不愿为人知的事情。在同事之间的闲聊调侃中，哪怕感情再好，也不要去揭别人的短，把别人的隐私公布于众，更不能拿来当作笑料。

某茶馆老板的妻子结婚2个月就生了一个小孩，邻居们赶来祝贺。老板的一个要好的朋友吉米也来了。他拿来了自己的礼物——纸和铅笔，老板谢过了他，并且问："尊敬的吉米先生，给这么小的孩子赠送纸和笔，不太早了吗？"

"不"，吉米说，"您的小孩儿太性急。本该9个月后才出生，可他偏偏2个月就出世了，再过5个月，他肯定会去上学，所以我才给他准备了纸和笔。"

吉米的话刚说完，全场哄然大笑，茶馆老板夫妇无地自容。

调侃他人的隐私是不对的，上例中吉米明显道出了茶馆老板妻子未婚先孕的隐私，这样令大家都处于尴尬的局面。

所以说，调侃时说出了他人的隐私，虽言者无意，但是听者有心。他会认为你是有意跟他过不去，从此对你恨之入骨。他做的事别有用心，极力掩饰不使人知，如果被你知道了，必然对你不利。如果你与对方非常熟悉，绝对不能向他表明你绝不泄密，那将会自找麻烦。最好的办法是假装不知，若无其事。

在现实中，正人君子有之，奸佞小人有之；既有坦途，也有暗礁。

在复杂的环境下，不注意说话的内容、分寸、方式和对象，往往容易招惹是非，授人以柄，甚至祸从口出。因此，说话小心些，为人谨慎些，使自己置身于进可攻、退可守的有利位置，牢牢地把握人生的主动权，无疑是有益的。一个毫无城府、喋喋不休、乱侃他人隐私、乱揭他人伤疤的人，会显得浅薄俗气、缺乏涵养而不受欢迎。

心理学家研究表明：谁都不愿把自己的错误和隐私在公众面前"曝光"，一旦被人曝光，尤其是以一种调侃的形式被人揭露，就会感到难堪而愤怒。因此，在与人交往谈话中，如果不是为了某种特殊需要，一般尽量避免接触这些敏感区，免得对方当众出丑。必要时可采用委婉的话暗示你已知道他的错处或隐私，让他感到有压力而不得不改正。知趣的、会权衡的人需"点到即止"，这样的人一般是会顾全双方的脸面而悄悄收场的。当面揭短，让对方出了丑，说不定使他人恼羞成怒，或者干脆耍赖，出现很难堪的局面。至于一些纯属隐私、非原则性的错处，还是那种方法：装聋作哑，千万别去追究。

巧言妙语能够增添家庭中的乐趣

家是避风的港湾，如果能够用巧言妙语增添家庭中的乐趣，那么你的家庭将更加和谐，你的家庭生活也会更加美好！

家庭琐事繁多，父母、孩子之间的关系处理不好，既影响到生活的质量，又影响夫妻间的感情。若要避免这种情形出现，就要在言谈上多下功夫。

1. 注意闲谈的技巧

一家人能够说说笑笑，生活则显得和睦、融洽。这些话看起来是废话，其实，它是一种情感的交流，是家庭生活的点缀。假如一家子冷言冷语，家便是一个"地狱"。

母亲："你今天又没回来吃晚饭，是怎么回事？"

儿子："哦，单位里应酬太多！"

母亲："你也太忙了，其他人不可以分担一点吗？"

儿子："你不知道，现在是什么年代了？"

母亲："还喝点鸡汤吗？"

儿子："不啦！"

母亲："明天家里有亲戚来，你晚上回来吃饭，行吗？"

儿子："明天再说吧。"

母亲的一副热心肠却换来儿子的冷言冷语，这只会让做母亲的心寒。其实，儿子可以讲些公司里有趣的事，让母亲乐和乐和，家里才会有生气。

2. 谅解为上

矛盾是不可避免的，所以你要学会谅解，承认矛盾的存在。用亲切温存的话安慰人，使之抛弃烦恼，营造和谐的家庭气氛。

丈夫下班回家满脸怒气，一言不发。妻子安慰道："单位里有什么不如意的事？忘掉它！岂能事事尽如人意，事事称己心！来，卡拉 OK 一首。"丈夫立时就消了火，拿起话筒唱起了歌。有一回妻子生闷气，怔怔地发呆，也不做饭，丈夫说："气大伤身呢，来，我们合唱一曲黄梅戏，你唱男声，我唱女声。"妻子开始还不唱，后来看丈夫正儿八经地捏着嗓子唱"树上的鸟儿成双对"时她的气就消了。

谁都有不顺心之时，学会温言软语说服人，就能给家庭和睦创造条件，营建一个幸福的家庭。

第五章

"甜言蜜语"，夸就夸到人心坎上的赞美话

赞美要具体

赞美可以是抽象的，也可以是具体的，然而抽象的赞美远没有具体的赞美来得实在，具体的赞美也更易为人所理解和接受。

抽象的东西往往很难确定它的范围，难以给人留下深刻印象。赞美应该是看得见、摸得着的，是具体的。

赞美的话只有说得细致具体、符合实际，才能让对方感觉到你是在真心地关注他。空洞的赞美不但没有任何意义，还会让对方觉得你是在敷衍他。

在赞美别人的时候，千万不要使用模棱两可的表述，像"挺好""没那么糟"这样的话都不要用。含糊的赞美往往起不到应有的作用，而且会适得其反。因此，在与人交往的时候，应该从具体事件入手，善于发现别人哪怕是最微小的长处，并不失时机地予以赞美。

赞美越具体越好，这样可以说明你对对方非常了解，对他的长处和成绩很看重，让对方感到你的真挚、亲切和可信。比如你的同事今天穿了一件新衣服，打扮得很漂亮，你如果仅仅说"你今天很漂亮"，效果显然会比"这件连衣裙真是不错，尤其是和你的气质特别搭配"差很多。

当你只针对一件事情进行赞美时，赞美会更有力量。赞美的对象越庞杂，它的力量就越弱。因此，在赞扬别人时，要针对具体的某一件事情。例如，我们在社交场合，常听到的赞美不外乎"你今天好漂亮""你看起来气色很好"等话语，这些赞美太过含糊笼统，会使你的赞美大打折扣。

1975年3月4日，卓别林在英国白金汉宫被伊丽莎白女王封为爵士。封爵仪式开始，正当卓别林非常兴奋的时候，女王赞美卓别林说："我观赏过你的许多电影，你是一位难得的好演员。"

可是这位伟大的艺术家似乎对这个赞美并没有什么特别的感觉。

事情过后，有人向卓别林询问当时的感想。可是，卓别林的回答令人大吃一惊："女王陛下虽然说她看过我演的许多电影，并称赞我演得好，可是她没说出哪部电影的哪个地方演得最好。"当女王知道了卓别林这样说后，感到非常遗憾。

从这个故事中，我们可以看出，如果赞美别人就得说出具体的事实，尽量针对某人做的某件具体的事情，这样才会产生良好的效果。

美国社会心理学家海伦·克林纳德认为：正确的赞美方法是将

赞美的内容详细化、具体化。其中有三个基本因素需要明确：你喜欢的具体行为，这种行为对你有何帮助，你对这种帮助的结果有无良好的感觉。有这三个基本因素为依托，赞美才不会空泛笼统，才能给人留下好印象。

赞美对方就要先了解对方，了解得越多越好。只有了解对方，你的夸奖和赞扬才会有针对性。只有当你的话说到了点子上，才会让对方感受到你的真心。一般情况下，对方不仅仅想要你说他好，而且很想知道为什么说他好，好到什么程度。

男人和女人，赞美有"性"别

人人都渴望被别人赞美，但男人和女人的需要是不同的。

男人要面子、好虚荣，多表现在追逐功名、显示能力、展示个性以显潇洒和能人之形象方面，而女人则表现在对容貌、衣着的刻意追求或身边伴个白马王子以示魅力方面。

比如，赞美一个女人漂亮就大有学问。对于容貌绝佳的女性，她已习惯了别人的赞叹，不妨用些新颖的方式，如用比喻去赞美她；对于一个明显较丑的女性，如果你虚假地夸赞她的容貌，她会认为你在讥讽她，而引起她的反感，你最好是去发掘她的气质、能力或性格；而普通的女性是最需要赞美的，因为她身上也有美，并且最向往美，最渴望被人肯定。

你可以赞美女人的修养。有许多女人虽然长得漂亮，但是缺乏修养、没有内涵，稍一相处，便会让人感到俗不可耐。因而，花瓶式的女人虽然可赢得一时的赞美，却不能使男人长久地爱慕她，更无法获得男士的尊敬。而一种好的气质，则可以使一位非常普通的女人变得十分迷人，令人心驰神往。因为一个人的修养是一种内在美、精神美、升华美，它可以永久地征服一个男人的心。

作为男人更要会赞美女人。能够做到张口赞闭口也赞，这样你才能在女人面前受欢迎，使你魅力无穷。

男人赞美女人是对女人价值的肯定，更是对女人魅力的一种欣赏。在男人眼里，女人身上总有美丽动人之处，或皮肤细腻，或身材苗条，或眉目含情，或穿着得体。所以你一定要善于去发现、去捕捉她的美。许多女人都会对自己的缺憾有所了解，而她们更是十分了解自己的最动人之处，只要你能慧眼独具，赞美得体，你一定会博得她的赏识与青睐。

现在注重个性，夸赞一个女人有个性已成了一种时尚。固执的性格可当此人有个性来赞，孤傲的性格也可以用有个性来赞，像男人一样不拘小节、有些泼辣的女性也能用有个性来赞。只要是稍稍区别于大众的性格，你用个性二字来赞她，无论是哪种女性，她都会觉得你这个人很有品位。

最后，谈一谈女人的能力。现代社会，在各种事业中女人都表现出了她非凡的能力。她们不仅能把自己分内的事完成得十分得体，还会凭她们细心的洞察力去发现工作中出现的问题，把各部门的事情都安排得十分妥当，有时工作能力大大地超越了男性。而女人在取得很大的成就时，她是需要被这个社会肯定的。她们希望这个社会能认同自己，肯定自己的能力，也希望在男人眼中她们不再是处处依附于男人的人，而是能够独当一面，把事情处理得完美无瑕的人。于是，她们需要男人的赞美，希望自己所做到的能够得到男人的认同与赏识。如果你是她的老板、上司，或是同事你可千万别忽视她的业绩，常常激励她、赞美她，换取她更大的工作积极性吧。

除此之外，生活中女人们的能力也值得你一赞。日常家务，如烧饭做菜、收拾房间、照顾孩子，这些虽是一些细小的事情，却能表现出女人的动手能力、审美能力、教育能力。只要你在日常生活中也不忘记赞美一下女性，你定会得到女性们的一致好评。

最后要记住的是，女人喜欢甜言蜜语，但并非喜欢太过花哨的话，所以赞她时多用些实际的语言，不用刻意去修饰，不然会让人觉得你很肤浅。

人们都说女人是用耳朵来生活的，赞美是女人生命中的阳光。其实男人也一样，他们一样喜欢听到他人对自己的肯定和赞美，因为这会让他们有一种价值感，并由此充满自信。可以说，恰到好处的赞美是打在男人身上的一剂强心剂。你可以从以下几个方面来打造对男人的赞美之词。

1. 赞美他是成功的男人

由于传统社会对男性角色的定位——挑家立业者，使得男人非常在乎自己在别人心目中的形象，任何人对他的工作做出的评价都会让他反应敏感。因此，无论男人从事的是怎样的工作，他都希望能得到别人的认同。

不过你得注意，不管一个男人有多成功、多得意，他内心深处最渴望的还是别人的理解和关怀。一般的理解和关怀都是无可厚非的，可一定要注意把握"度"的原则。过犹不及，说得太夸张、太过分、太直白，就会被人当成追逐名利、爱慕虚荣的人，会成为男人心底讨厌的势利的人。因此，即使是赞美也要掌握分寸。通常从以下几个方面入手来赞美别人，是比较容易被接受，而且会收到预期效果的。

首先，在赞美男人的同时注意表达关心与体贴。关心与体贴是女人善良天性的表现，也是女人细腻温柔的体现。女人的关心，有如拂面而过的春风，又如沁人心脾的淡淡花香，会在不知不觉中悄悄渗入男人的心灵之中，融入他们的心怀。男人们最喜欢的是那种会关心、会体贴、善解人意的女人，女人的关心和温柔会让男人从心底感激她。以前，曾有人这样赞美过别人：

"张老师，您那本书写得真好，没少花工夫吧？您可得注意休息了，瞧您现在比以前瘦多了。"

"刘总，这么大的工程，您一个人给搞定了，可真了不起！不过您可要注意身体呀，别光为了工作累坏了自己。"

这些又温馨又充满敬仰与关切的语句，怎么能让男人不动心、不从心底感激、不视女人为自己的好友呢？

其次，在赞美男人的时候，恰当地表达出崇拜的思想。不管男人还是女人，都希望有人崇拜自己，都希望被人用尊敬、仰视的眼光看待，这也是人之常情。被人崇拜是无法拒绝的，被人崇拜意味着对"自我"的肯定，是一种人生价值的体现。对一个春风得意的人来说，他最自豪的是"自我"，也就是他的成功之源。

最后，别忘了在赞美的同时予以鼓励。一个女人鼓励一位男士，既是对他过去的肯定，对他以前创业生涯的一种肯定，又是对他未来充满信心的一种表现。人在任何情况下都是希望有支持和鼓励的，人不仅需要对自己有信心，更需要别人对自己有信心。现在的社会竞争激烈，压力大，成功是需要付出很大代价的。一个成功的、春风得意的男士，即使在一定程度上达到了自我价值的展现，也还是需要鼓励的，尤其需要别人对他有信心。

还有一些男士，春风得意的时候，往往会在别人的一片颂扬声中沾沾自喜、自高自大、忘乎所以，而女性的委婉的激励，有时就像一剂良药，会给头昏脑热的春风得意者一点不动声色的提醒，进一步激发起他的冷静和投入下一次竞争的热情。

2.赞美他是一位绅士

所谓风度，是男人在言谈举止中透出的一种味道。不要以为男人真的是散漫随意、潇洒不羁，其实他们是很在乎别人对自己举止的评价的。曾经有一位女友说起她和男友分手的原因，只因为她在一次朋友聚会上调侃了男友的局促，就大大伤了对方的自尊心，扔了句："既然你认为我没风度，那么分开好了。"

事实也如此，行动比语言更有说服力，只有当女方对对方的举止言谈很满意、很欣赏时，女方才会爱上他。而在这方面赞美男人的聪明之道，也是拿他和别的男人比较，表现出你的欣赏。一位范先生说："有一次，我和女友乘出租车，下车后我替她打开车门，她很高兴，说她以前遇到的男人从不知道什么是绅士风度。这句话极大地满足了我的自尊心，也让我觉得自己是个很受欢迎的男人。"

3. 赞美他仪表堂堂

许多男性承认，他们在关注女人闭月羞花之貌的同时，也希望自己貌比潘安。但是同样因为社会角色的定位，男人特别害怕女人把他们当作绣花枕头，因而他们对女人对他们外在形象的夸赞是特别敏感的。让女人兴奋的"你长得真漂亮""你穿得真好看"之类的话，会让男人觉得特别不舒服。按他的理解，这里面透着一种嘲讽，好像说："你有些娘娘腔，你怎么像女人一样爱打扮。"

所以说，要真的想对男人表达你对他外形的欣赏，还需审时度势。但你可以对他的某个部位做出较高的评价，例如，你的鼻子好有个性等。

另外在赞美一位男士的时候，有一点特别忌讳的是，不要当着这位男士的面大肆指责他的竞争对手，这样做也许当时能让这位春风得意的男士十分高兴，但过后他就会清楚地意识到这种以贬低一个人来衬托另一个人的手法是多么的笨拙，并且让人感到的只是巴结和恭维。所以，建议那些想要锦上添花的朋友一定注意，添花要小心，要把握好分寸，不要搞出笑话来，遭人反感。

多在背后说他人的好

《红楼梦》中有这么一段描写，史湘云、薛宝钗劝贾宝玉做官，贾宝玉大为反感，对着史湘云和袭人赞美林黛玉说："林姑娘从来没有说过这些混账话！要是她说这些混账话，我早和她生分了。"

凑巧这时黛玉正来到窗外，无意中听见贾宝玉说自己的好话，"不觉又惊又喜，又悲又叹"。结果宝黛两人互诉肺腑，感情大增。

在林黛玉看来，宝玉在湘云、宝钗、自己三人中只赞美自己，而且不知道自己会听到，这种好话就很难得。倘若宝玉当着黛玉的面说这番话，好猜疑、好使小性子的林黛玉可能就认为宝玉是在打趣她或想讨好她。

背后说别人的好话，远比当面恭维别人或说别人的好话效果要明显好得多。不用担心，我们在背后说他人的好话是很容易就会传到对方耳朵里去的。

赞美一个人，当面说和背后说所起到的效果是很不一样的。如果我们当面说人家的好话，对方会以为我们可能在奉承他、讨好他。当我们的好话在背后说时，人家会认为我们是出于真诚的，是真心说他的好话，人家才会领情，并感激我们。假如我们当着上司和同事的面说上司的好话，同事们会说我们是在讨好上司、拍上司的马屁，从而容易招致周围同事的轻蔑。另外，这种正面的赞美所产生的效果是很小的，如果使用不当，可能还会产生负面效应。同时，上司脸上可能也挂不住，会说我们不真诚。

有一位员工与同事们闲谈时，随意说了上司几句好话："梁经理这人真不错，处事比较公正，对我的帮助很大，能够为这样的人做事真是一种幸运。"这几句话很快就传到了梁经理的耳朵里，梁经理心里不由得有些欣慰和感激。而那位员工的形象也在梁经理心里上升了。就连那些"传播者"在传达时，也忍不住对那位员工夸赞一番："这个人心胸开阔、人格高尚，难得！"

在日常生活中，背着他人赞美他往往比当面赞美更让人觉得可信。因为你对着一个不相干的人赞美他人，一传十，十传百，你的赞美迟早会传到被赞美者的耳朵里。这样，你赞美的目的也就达到了。

在日常生活中，如果我们想赞扬一个人，不便对他当面说出或没有机会向他说出时，可以在他的朋友或同事面前适时地赞扬一番。

据国外心理学家调查，背后赞美的作用绝不比当面赞扬差。此外，若直接赞美的度不足会使对方感到不满足、不过瘾，甚至不服气，过了头又会变成恭维，而用背后赞美的方法则可以缓和这些矛盾。因此，有时当面赞扬不如通过他人间接赞扬的效果好。

当你面对媒体时，适当地赞美你的同行是一种风度，也是一种艺术。

张艺谋做人很随和，做导演却极富个性。对其同班同学另一位名导演陈凯歌，他的评价如下："凯歌是个很出色的导演，我跟凯歌的特点在于我们都保持自己的个性。这个个性你可以不喜欢、不欣赏，但凯歌从不妥协，他保持他的个性。而中国这样的导演很少。不能因为凯歌的作品没有得奖就说这说那的，我觉得这是一种短视。"

多在别人面前去赞美一个人，是你与那个人关系融洽的最有效的方法。假如有一位陌生人对你说："某某朋友经常对我说，你是位很了不起的人！"相信你感动的心情会油然而生。那么，我们要想让对方感到愉悦，就更应该采取这种在背后说人好话、赞扬别人的策略。因为这种赞美比一个魁梧的男人当面对你说"先生，我是你的崇拜者"更让人舒坦，更容易让人相信它的真实性。

真诚是赞美的必要元素

真实的赞扬是拂面清风，凉爽怡人；虚假的赞扬让人烦腻不堪。

有一次一群朋友在一起聚会，吃饭的时候，大家交换名片，其中有一位来自报社，另一位试图对其进行称赞，一看是报社的，便稀里糊涂地说："哇，您是有名的大作家！"人家问："我怎么有名？"他说："我每次都看见你写的文章。"人家说："我的文章都在哪里？"他说："每次都是头版头条啊！"然后人家告诉他："真的吗？我是专门写讣告的。"讣告能在头版头条吗？显然是虚假的赞扬引起了别人的反感。但是这位先生仍然没有意识到自己的错误，看到旁边有一位小姐，聊了没几句，本来这位小姐长得很胖，他说："小姐，您真苗条！"小姐说："什么？说我苗条，我知道你是在骂我。"

不真诚的赞扬，给人一种虚情假意的印象，或者被认为怀有某种不良目的，被赞扬者不但不感谢，反而会讨厌。言过其实的赞扬，不能实事求是，会使受赞扬者感到窘迫，也会降低赞扬者的水准。虚情假意的赞扬对人对己都是有害而无利的。

赞扬他人是一种能力，是根据心理学和组织行为学研究出来的，不等于溜须拍马，溜须拍马可以说是虚假的，但赞扬必须是真诚的、发自内心的实话。

真诚的赞美和"拍马屁"最大的区别在于是否发自内心。真诚的赞美起源于内心深处的一种"美感"、一种冲动，它反映了一个人对另一个人的认可：外表漂亮、言谈合自己的口味、行动敏捷、品格高尚……即在两个人之中，其中一个人在另一个人身上发现了符合自己理想和价值标准的可贵之处。我们认识这个人、了解这个人的时候，已经有一种无形的力量促使自己要去赞美他的一些优点。

因此，真诚成了赞美与拍马屁的区分线，它是赞美的必要组成元素。

真诚的赞美应该是合乎时宜的，在合适的氛围里发出的赞美会让人内心明亮，灿烂无比。当别人感觉到你的赞美是由衷的，那赞美的话就很容易被接受。

大音乐家勃拉姆斯是农民的儿子，生于汉堡的贫民窟，没有受教育的机会，更无从系统地学习音乐，所以，对自己未来能否在音乐事业上取得成功缺乏信心。然而，在他第一次敲开舒曼家大门的时候，他一生的命运就在这一刻决定了。当他取出他最早创作的一首C大调钢琴奏鸣曲草稿，手指无比灵巧地在琴键上滑动，弹完一曲站起来时，舒曼热情地张开双臂抱了他，兴奋地喊道："天才啊！年轻人，天才……"正是这发自内心的由衷赞美，使勃拉姆斯的自卑消失得无影无踪，也赋予了他从事音乐艺术生涯的坚定信心。在那以后，他便如同换了一个人，不断地把心底的才智和激情流泻到五线谱上，成了音乐史上一位卓越的艺术家。

正是这一句由衷的赞美，创造了一位音乐大师。

在合适的氛围里，发出由衷赞美，会有意想不到的效果。

由衷的赞美是源于心灵深处的，它是深刻而强烈的；要入木三分地表达出来，将是绝佳之语。

对于发自内心的由衷之感，尽量用准确、贴切、深刻、生动、完整的赞美语言去说出来。

出其不意的赞美让人喜出望外

赞美的新意很重要，但更需要我们综合各方面的因素来翻出恰当的"新"意，否则便会弄巧成拙、适得其反。

一些人在公共场合赞美别人时，自己想不出怎样赞美，只能跟着别人说重复的话，附和别人的赞美。常言道：别人嚼过的肉不香。朱温手下就有一批鹦鹉学舌拍马的人。

一次，朱温与众宾客在大柳树下小憩，独自说了句："柳树好大！"宾客为了讨好他，纷纷起来互相赞叹："柳树好大。"朱温听了觉得好笑，又道："柳树好大，可做车头。"实际上柳木是不能做车头的，但还是有五六个人互相赞叹："可做车头。"朱温对这些鹦鹉学舌的人烦透了，厉声说："柳树岂可做车头！"这些鹦鹉学舌的人，最终得到了不好的下场。

在整日聚首的人际关系中，一家人之间或一个科室的同事之间，有些赞美很可能多次重复，已经形成某种公式和习惯了，这就没什么意义和作用，比如，某个处长每次开会总结工作的时候，都像例行公事一样对大家赞扬几句，其内容和说法总是笼统的那么几句话，就像同一张唱片或同一盘录音带只是在不同的时间播放一样，让人感觉乏味。

但如果赞美加一点新意，鼓励作用会更大。正如有人所说："一点新意，一片天空。"这样的话，赞美之术会更趋完美。

赞扬要有新意，当然要独具慧眼，善于发现一般人很少发现的"闪光点"和"兴趣点"，即使你一时还没有发现更新的东西，也可以在表达的角度上有所变化和创新。

对一位公司经理，你最好不要称赞他如何经营有方，因为这种话他听得多了，已经成了毫无新意的客套了；倘若你称赞他目光炯炯有神，潇洒大方，他反而会被感动。

赞美是所有声音中最甜蜜的一种，赞美应该给人一种美的感受。新颖的语言，是有魅力的，有吸引力的。简单的赞扬也可能是振奋人心的，但是一种本来是不错的赞扬如果多次单调重复，也会显得平淡无味，甚至令人厌烦。一个女人就曾说过，她对别人反复说她长得很漂亮已经感到很厌烦，但是当有人告诉她，像她这样气质不凡的女人应该去演电影，她笑了。

几乎所有的女人都是很质朴的，但仪态万方这一目标，却是她们孜孜以求的。这是她们最大的虚荣，并且常常希望别人赞美这一点。但是对那些有沉鱼落雁之容、闭月羞花之貌的倾国倾城的绝代佳人，就要避免对其容貌的过分赞誉，因为对于这一点她已有绝对的自信。你可以转而去称赞她的智慧、她的品格。

　　赞美的新意很重要，但更需要我们综合各方面的因素来翻出恰当的"新"意，否则便会弄巧成拙、适得其反。马克·吐温曾经说过："一句好的赞美能当我十天的口粮。"我们每天都让新鲜的赞美流入他人的生活中，那么彼此对生活的积极性就会增强。

第六章

学会说"不"，让人心服口服的拒绝技巧

助你驰骋商场的拒绝理由

做业务的你没法满足顾客提出的要求时，不要直截了当地说"不"，因为这样会伤害顾客，进而失去很多潜在的顾客。为了让顾客心理平衡，要找好托词，于无形中驳回顾客的要求，这样即使交易失败，也会赢得顾客的好感，进而为自己留住潜在顾客。

顾客就是上帝，在销售场合中，当我们需要否定顾客的意见时，应尽量避免使用"不""不行""办不到"等词语。可是如果必须说出这些字眼时，就要找到适当的托词，并且予以顾客另外的补偿，以使他心理平衡，从而让他对你产生好感。

1. 提出建议，介绍新去处

假如你的商品已售完，可以向他介绍其他有这种商品的地方。这种处处为顾客着想的做法可以提升你的形象，从而赢得顾客的再次光临。

72

"真抱歉，这种商品正好卖完了。您来看看这种，或许正是您所需要的。"

"真是很不好意思，我找遍了都没有找到您所需要的号码，这样吧，您明天再过来，我提前给您准备好。"

"您来得真是不凑巧，我们这儿正好没有这种商品了，您可以去某店，那里很可能有。"

做出否定回答的同时，给顾客提出建设性的建议，也就相当于他在你那里得到了需要的满足，可以留给他一个好印象。

2. 补偿安慰拒绝法

当在价格上无法接受顾客提出的要求时，若断然予以否定定会破坏推销的气氛，打击顾客的购买欲，甚至可能会惹恼顾客，从而导致交易的失败。为避免这种情况的发生，推销员在拒绝顾客的时候，应在其可以承受的范围内，予以适当的补偿，并以此来满足顾客想买到便宜货的心理。

"价格不能再降了，这样吧，在价格上您做一些让步，我给您再配上一对电池，怎么样？"

"抱歉，这已经是全市的最低价了，要不这样，我们免费给您送货，如何？"

在商品本身以外给予一定的利益，以此来拒绝顾客减价的要求，使交易不致因为遭到否定而中断。

3. 寓否定于肯定

顾客的要求假使你满足不了，你的拒绝中并没有包含任何一个否定的词语，而顾客却能听出你的弦外之音。这种方法让你的否定含义隐含在肯定句中，顾客一听就可以明白，既可以避免顾客的难堪，也不会使人觉得你的拒绝唐突。

（笑着说）"周经理，光天化日之下您这是要抢劫啊！"

"您开出的价格有点儿那个，您看是不是……"

在肯定句中包含否定的意思，指出顾客的要求有欠妥当之处，像这样软弱的否定一般不会轻易伤害顾客的自尊心，并比较容易被顾客所接受，从而也能使交易顺利地进行下去。

对于那些不论产品质量如何，看到价格就先"砍一半价"的消费者，推销员应该不卑不亢，学会拒绝。

消费者："这东西是很好，不过价格太贵了，便宜点儿吧。"

推销员："不好意思，这是公司定的价格，我们是不能随意改动的，公司有规定既不允许我们故意抬高价格来欺骗顾客，也不准我们随便打折。说实在的，我们公司的产品从来不在品质上有所折扣，因此在价格上也从不打折。"

这样既可以表明产品在质量上的可靠性，说明它物有所值，同时也向顾客说明了产品的价格是很合理的，也是比较便宜的，所以不可能再降了。

对于那些比较难"缠"的顾客则可以使用"重复"的说服方法，坚守"不"的立场，把握住"好货不便宜"的消费心理，你越是不降低价钱，就越能证明你的商品好，不愁没人要。当然用这种方法要慎重，态度不能过于强硬而把消费者吓跑。

消费者："做生意灵活些嘛，你做些让步，我给你再加点儿钱，咱们就成交了嘛。"

多数时候这是消费者希望推销员能够降价的最后尝试了，这时推销员一定要更加耐心，诚恳地对待你的准客户。

推销员："实在很抱歉，我们的售价就是这样了，质量上乘的产品价格都是不便宜的。如果价格低，但是产品不好，不是欺骗消费者吗？"

这种重复说"不"的方式，能够加深顾客认为你推销的商品质量好的印象，相信这样一来他一定不会再在价格上为难你了，只要是好东西，即使多花一点儿钱，那么消费者从心理上也是可以接受的，并且有踏实的感觉。学会说"不"并善于利用"不"，你就一定不会再让价格成为你推销的障碍了。

拒绝的话要合情合理

如何拒绝别人是一门艺术，这门艺术的关键点就在于拒绝别人的话要怎么说才能让别人觉得合情合理，进而让别人更容易接受。

人的一生就是在不断地接受和拒绝中度过的。如果拒绝未采用合适的方法和相应的技巧就容易伤害对方，引发怨恨和不满，从而导致人际关系的破裂，让自己陷入非常被动的境地之中。即使不至于闹到很严重的地步，因拒绝而引起的疙瘩也会使对方耿耿于怀。

"我实在没有钱借给你，否则，我就不必如此地拼命了""我们非亲非故的，凭什么要帮你"……在遭受这样的拒绝后，你会有怎样的反应呢？你一定会感到恼羞成怒，用犀利的言语回击对方。

有时，对方与我们反目成仇，并不完全是由于我们拒绝了他，更多的是我们拒绝的语言和方式伤害了他。那么我们要如何拒绝呢？

1. 借口要实在

小李 24 岁，才貌双全，大学毕业后分配到一家公司工作。不料，她的顶头上司——部门经理对她一见倾心，便发起了猛烈的攻势。小李怕直接回绝会伤了上司的自尊，给自己以后的工作带来不便。考虑再三，最后小李决定实话实说，于是彬彬有礼地告诉经理："我已另有所爱，只是男友暂时在外地工作。"如此一来，经理在"恨不相逢未嫁时"的深深遗憾中打消了自己的念头，以平常心对待小李。

2. 借口要委婉

小林陪女友逛商店，女友在某时装店看中了一件风衣，价格不菲，而小林觉得这件衣服很普通，不值这个价。但是在女友面前不便说，否则女友会认为自己是个小气鬼，两人免不了要闹一阵子情绪。只见小林鼓动女友试衣，左看右看后对女友说："很合身，但我觉得你穿上它气质不如从前了。主要是款式太新潮，不适合你的职业特点，倒更像较前卫的女孩穿的。"女友一听此话，忙不迭地脱下风衣，拉着小林离开了商店。

小林巧用衣服与气质的关系，让女友主动放弃了自己中意的风衣，达到了自己的目的。

先承后转避直接

对对方的请求最好避免一开口就说"不行",而是要表示理解、同情,然后再据实陈述无法接受的理由,获得对方的理解,自动放弃请求。

有时对方提出的要求有一定的合理性,但因条件的限制又无法予以满足。在这种情况下,拒绝的言辞可采用"先肯定后否定"的形式,使其精神上得到一些满足,以减少因拒绝而产生的不快和失望。例如,一家公司的经理对一家工厂的厂长说:"我们两家搞联营,你看怎么样?"厂长回答:"这个设想很不错,只是目前条件还没有成熟。"这样既拒绝了对方,又给自己留了后路。

对对方的请求最好避免一开口就说"不行",而是要表示理解、同情,然后再据实陈述无法接受的理由,获得对方的理解,让对方自动放弃请求。

李刚和王静是大学同学,李刚这几年做生意虽说挣了些钱,但也有不少的外债。两人毕业后一直无来往,忽一日王静向李刚提出借钱的请求,李刚很犯难,借吧,怕担风险;不借吧,同学一回,又不好拒绝。思忖再三,最后李刚说:"你在困难时找到我,是信任我,瞧得起我,但不巧的是我刚刚买了房子,手头一时没有积蓄,你先等几天,等我过几天账结回来,一定借给你。"

先扬后抑这种方法也可以说成一种"先承后转"的方法,这也是一种力求避免正面表述,而采用间接拒绝他人的一种方法。

先用肯定的口气去赞赏别人的一些想法和要求，然后再来表达你需要拒绝的原因，这样你就不会直接地去伤害对方的感情和积极性了，而且能够使对方更容易接受你，同时也为自己留下一条退路。一般情况来说，你还可以采用下面一些话来表达你的意见，"这真的是一个好主意，只可惜由于……我们不能马上采用它，等情况好了再说吧"，"这个主意太好了，但是如果只从眼下的这些条件来看，我们必须放弃它，我想我们以后肯定是能够用到它的"，"我知道你是一个体谅朋友的人，你如果对我不十分信任，认为我没有能力做好这件事，那么你是不会找我的，但是我实在忙不过来了，下次如果有什么事情我一定会尽我的全力来支持你"，等等。

有的时候对方可能很急于事成而相求，但是你确实又没有时间、没有办法帮助他的时候，一定要考虑到对方的实际情况和他当时的心情，一定要避免使对方恼羞成怒，以免造成误会。

拒绝还可以从感情上先表示同情，然后再表明无能为力。

黄女士在民航售票处担任售票工作，由于经济的发展，乘坐飞机的旅客与日俱增，票常常很快就卖完了，黄女士时常要拒绝很多旅客的订票要求。黄女士每每总是带着非常同情的心情对旅客说："我知道你们非常需要坐飞机，从感情上说我也十分愿意为你们效劳，使你们如愿以偿，但票已订完了，实在无能为力。欢迎你们下次再来乘坐我们的飞机。"黄女士的一番话，叫旅客再也提不出意见来。

拒绝的最有力武器，在对方自身

在寻求拒绝的技巧过程中，要知道，拒绝对方的最有力武器，往往在对方自身。

在交际过程中，当自己处于不利态势，为了寻找转机，加强己方的立场，也需要找借口拒绝对方。这时，如果你能灵活机智地用对方的话来拒绝对方，就能使对方不再坚持，从而达到自己拒绝对方的目的。

有一次，萧伯纳的脊椎骨出了毛病，需从脚上取一块骨头来补脊椎的缺损。手术做完后，医生想多捞一点手术费，便说：

"萧伯纳先生，这是我们从来没有做过的新手术啊！"

萧伯纳当然听出了医生的言外之意，但向病人收取额外的手术费，显然是不合规定的，萧伯纳不愿意再给医生"塞包"，但又不便明确拒绝，便顺着另一层意思说下去：

"这好极了！请问你们打算支付我多少试验费呢？"

医生顿时窘住了，只好讪讪地离开。萧伯纳的思维是：既然你要强调这是从来没有做过的新手术，那我的身体便变成试验品了！萧伯纳合理地从对方的话里引出了一个合乎逻辑的相反结论，巧踢"回传球"，让对方哑巴吃黄连——有苦说不出。

有很多的问题，我们还可以巧妙地把对方设置在同样的情景，以此来引诱对方做出他的判断，从而让对方明白自己的处境或意思，巧妙地拒绝对方的要求。

在历史上就有一个这样的例子：

有一次，一个人问艾森豪威尔将军一个有关军事机密的问题，艾森豪威尔将军做耳语状说："这是一个机密问题，你能替我保密吗？"于是那个人就连忙说道："我一定能！"艾森豪威尔将军则回答道："那我同样也能！"

这样的例子在我们的日常生活中也屡见不鲜。

小李从一个朋友那里借了一架照相机，他一边走一边摆弄着，这时刚好小赵迎面走来了。他知道小赵有个毛病：见了熟人有好玩的东西，非得借去玩几天不可。这次看见了他手中的照相机又非借不可了。尽管小李百般说明情况，小赵依然不肯放过。小李灵机一动，故作姿态地说："好吧，我可以借给你，不过我要你不要借给别人，你做得到吗？"小赵一听，正合自己的意思。他连忙说："当然，当然，我一定做到。""绝不失信？"小赵还追加一句说："失信还能叫作人？"小李斩钉截铁地说："我也不能失信，因为我也答应过别人，这个照相机绝不外借。"听到这儿，小赵目瞪口呆了，这件事也只有这样算了。

通过设问，抛砖引玉，以对方的回答来作为拒绝依据，使对方就此作罢。因为人不可以出尔反尔，自我推翻。

中 篇

会办事

——天下无难事

第一章

只有想不到，没有做不到

不按常理出牌

天才大多是能够自创法则的人。随着时代的发展，尤其是网络的普及，时代更加突出了创新的意义。

对于年轻人来说，更是如此。年轻人要想成功，就必须敢于标新立异，推陈出新。在这里，美国商界奇才尤伯罗斯为我们做出了一个很好的榜样。

1984 年以前的奥运会主办国，几乎是"指定"的。对举办国而言，往往是喜忧参半。能举办奥运会，自然是国家民族的荣誉，还可以乘机宣传本国形象，但是以新场馆建设为主的大规模硬件软件投入，又将使政府负担巨大的财政赤字。1976 年加拿大主办蒙特利尔奥运会，亏损 10 亿美元，当时预计这一巨额债务到 2003 年才能还清；1980 年，苏联莫斯科奥运会总支出达90 亿美元，具体债务更是一个天文数字。奥运会几乎变成了为

"国家民族利益"而举办，为"政治需要"而举办。赔本已成奥运定律。

鉴于其他国家举办奥运的亏损情况，洛杉矶市政府在得到主办权后即做出一项史无前例的决议：第23届奥运会不动用任何公用基金，因此而开创了民办奥运会的先河。

尤伯罗斯接手奥运之后，发现组委会竟连一家皮包公司都不如，没有秘书、没有电话、没有办公室，甚至连一个账号都没有。一切都得从零开始，尤伯罗斯决定破釜沉舟。他以1060万美元的价格将自己的旅游公司股份卖掉，开始招募雇员，把奥运会商业化，进行市场运作。

第一步，开源节流。

尤伯罗斯认为，自1932年洛杉矶奥运会以来，规模大、虚浮、奢华和浪费成为时尚。他决定想尽一切办法节省不必要的开支。首先，他本人以身作则不领薪水，在这种精神感召下，有数万名工作人员甘当义工；其次，沿用洛杉矶现成的体育场；最后，把当地的三所大学宿舍作为奥运村。仅后两项措施就节约了十几亿美元。

第二步，举行声势浩大的"圣火传递"活动。

奥运圣火在希腊点燃后，在美国举行横贯美国本土的1.5万公里圣火接力跑。用捐款的办法，谁出钱谁就可以举着火炬跑上一程。全程圣火传递权以每公里3000美元出售，1.5万公里共售得4500万美元。尤伯罗斯实际上是在卖百年奥运的历史、荣誉等巨大的无形资产。

第三步，别具一格的融资、赢利模式。

尤伯罗斯创造了别具一格的融资和盈利模式，让奥运会为主办方带来了滚滚财源。

尤伯罗斯出人意料地提出，赞助金额不得低于 500 万美元，而且不许在场地内包括其空中做商业广告。这些苛刻的条件反而刺激了赞助商的热情。一家公司急于加入赞助，甚至还没弄清所赞助的室内赛车比赛程序如何就匆匆签字。

尤伯罗斯最终从 150 家赞助商中选定 30 家。此举共筹到 1.17 亿美元。

最大的收益来自独家电视转播权转让。尤伯罗斯采取美国三大电视网竞投的方式，结果，美国广播公司以 2.25 亿美元夺得电视转播权。尤伯罗斯又首次打破奥运会广播电台免费转播比赛的惯例，以 7000 万美元把广播转播权卖给美国、欧洲及澳大利亚的广播公司。

门票收入，通过强大的广告宣传和新闻炒作，也取得了历史最高水平。

第四步，出售与本届奥运会相关的吉祥物和纪念品。

尤伯罗斯联合一些商家，发行了一些以本届奥运会吉祥物山姆鹰为主要标志的纪念品。

通过这四步卓有成效的市场运作，在短短的十几天内，第 23 届奥运会总支出 5.1 亿美元，盈利 2.5 亿美元，是原计划的 10 倍。尤伯罗斯本人也得到 47.5 万美元的红利。在闭幕式上，时任国际奥委会主席的萨马兰奇向尤伯罗斯颁发了一枚特别的金牌，报界称此为"本届奥运最大的一枚金牌"。

突破是创新的核心。创新不是对过去的简单重复和再现，它没有现成的经验可借鉴，也没有现成方法可套用，它是在没有任何经验的情况下去努力探索。

在通常情况下，人们按照自己的常规思路，经历了千万次的试验，还是没有取得成功；有时取得成功却全不费工夫，这种突然而至的东西就往往包含着意想不到的创造性，甚至会迫使人们放弃以前数年辛苦得来的成果。当你处于山穷水尽的境况时，建议你不妨打破常规，不按常理出牌。这样，你才有可能在相反的方向很容易地找到问题的答案。

对于成功者来说，经验与创新是相辅相成、缺一不可的。我们不能厚此薄彼，而应在创新的同时仍然要重视常规的经验，并且在常规的基础上寻求突破创新。

下面的方法有助于你另辟蹊径，从成功的经验中得到启示。

1.能在平常的事情上思考求变

能够另辟蹊径的人，其思维富有创造性，善于从习以为常的事物中图新求异，去认识世界，改造世界。

2.不为现行的观点、做法、生活方式所牵制

巴尔扎克说："第一个把女人比作花的是聪明人，第二个再这样比喻的人就是庸才了，第三个人则是傻子了。"

现行的汽车防盗系统国内外已有不少，许多厂家使尽浑身解数仍然不尽如人意。

总参某炮兵研究所青年工程师杨文昭在广泛吸取国内外同类产

品优点的同时，大胆创新，另辟蹊径，运用双密码保险、抗强电磁干扰、无电源持续报警和声控自动熄火等新技术，研究出了汽车防盗系列产品，被定为首家"国际"产品。敢于向现行的成果和规则挑战、独闯新路使杨文昭获得了机会，也获得了成功。

3. 学习他人，超越他人

抱着"他山之石可以攻玉"的想法，盲目模仿他人的经验，并不能获得成功。要养成独立思考的习惯，自己在观察事物、观察别人成功经验的同时，独创出自己之所见。

4. 别出心裁，有自己独到的见解

"大家都想到一块去儿了"，这并不都是良策。例如，曾经满天飞的广告词尽是"实行三包""世界首创""饮誉天下"，但效果如何呢？美国一家打字机厂家的广告语"不打不相识"，一语双关，顾客纷至沓来。

没有笨死的牛，只有愚死的汉

俗话说："山不转，路转；路不转，人转。"我国古书《易经》也说："穷则变，变则通。"

的确，天无绝人之路，遇到问题时，只要肯找方法，上天总会给有心人一个解决问题、取得成功的机会。

人们都渴望成功，那么，成功有没有秘诀？其实，成功的一个很重要的秘诀就是寻找解决问题的方法。

俗话说："没有笨死的牛，只有愚死的汉。"任何成功者都不是天生的，只要你积极地开动脑筋，寻找方法，终会"守得云开见月明"。

世间没有死胡同，就看你如何寻找方法、寻找出路。且看下文故事是如何打破人们心中"愚"的瓶颈，从而找到自己成功的出路。

当你驾车行驶在路上，眼看就要到达目的地了，这时车前突然出现一块警示牌，上书4个大字："此路不通！"这时你会怎么办？

有人选择仍走这条路过去，大有不撞南墙不回头之势。结果可想而知，已言明"此路不通"，那个人只能在碰了钉子后灰溜溜地调转车头返回。这种人在工作中常常因"一根筋"思想而多次碰壁，空耗了时间和精力，却无法将工作效率提高一丁点，结果做了许多无用功。

有人选择停车观望，不再向前走，因为"此路不通"，却也不调头，或者是认为自己已经走了这么远，再回头心有不甘且尚存侥幸心理，若我走了此路又通了岂不亏了；或者是想如果回头了其他的路也不通怎么办？结果停车良久也未能前进一步。这种人在工作中常常会因懦弱和优柔寡断而丧失机会，业绩没有进展不说，还会留下无尽的遗憾。

还有另一类人，他们会毫不犹豫地调转车头，去寻找另外一条路。也许会再次碰壁，但他们仍会不断地进行尝试，直到找到那条可以到达目的地的路。这种人是工作中真正的勇者与智者，他们懂得变通，直到寻找到解决问题的办法，并且往往能够取得不错的业绩。

A 地一些工厂排放污水，致使很多河流污染严重，以致下游居民的正常生活受到了威胁，环保部门联合有关当局决定寻找解决问题的办法。

他们考虑对排污工厂进行罚款，但罚款之后污水仍会排到河流中，不能从根本上解决问题。

有人建议立法强令排污工厂在厂内设置污水处理设备。本以为问题可以得到彻底解决，但在法令颁布之后发现污水仍不断地排到河流中。

而且，有些工厂为了掩人耳目，对排污管道乔装打扮，从外面不能看到破绽，污水却一刻不停地在流。

之后，当地有关部门立刻转变方法，采用著名思维学家德·波诺提出的设想：立一项法律——工厂的水源输入口，必须建立在它自身污水输出口的下游。

看起来是个匪夷所思的想法，经事实证明却是个好方法。它能够有效地促使工厂进行自律：假如自己排出的是污水，输入的也将是污水，这样一来，能不采取措施净化输出的污水吗？

面对问题，成功者总是比别人多想一点，老王就是这样的人。

老王是当地颇有名气的水果大王，尤其是他的高原苹果色泽红润，味道甜美，供不应求。

有一年，一场突如其来的冰雹把将要采摘的苹果砸开了许多伤口，这无疑是一场毁灭性的灾难。

然而面对这样的问题，老王没有坐以待毙，而是积极地寻找解决这一问题的方法，不久，他便打出了这样的一则广告，并将之贴满了大街小巷。

广告上这样写道："亲爱的顾客，你们注意到了吗？在我们的脸上有一道道伤疤，这是上天馈赠给我们高原苹果的吻痕——高原常有冰雹，只有高原苹果才有美丽的吻痕。味美香甜是我们独特的风味，那么请记住我们的正宗商标——伤疤！"

从苹果的角度出发，让苹果说话，这则妙不可言的广告再一次使老王的苹果供不应求。

世上无难事，只怕有心人。真正杰出的人，都富有积极的开拓和创新精神，他们绝不会在没有努力的情况下，就找借口逃避。条件再难，他们也会创造解决的条件；希望再渺茫，他们也会找出许多办法去寻找希望。因为他们相信：没有笨死的牛，只有愚死的汉。只要积极开动脑筋，寻找方法，总能找到解决之道，冲出困境。

方法是解决问题的敲门砖

拿破仑·希尔曾说："你对了，整个世界就对了。"当你的工作或生活出现问题的时候，换一种方法，换一种思路，事情就会豁然开朗，因为，方法是完美解决问题的敲门砖，方法对了，一切问题就能够迎刃而解。

日本的火箭研制成功后，科学家选定 A 海岛作为发射基地。经过长久的准备，进入可以实际发射的阶段时，A 岛的居民却群起反对火箭在此发射。于是全体技术人员总动员，反复地与岛上居民谈判、沟通以寻求他们的理解。

可是，交涉一直陷入泥淖状态，虽然最后终于说服了岛上的居民，前后却花费了三年的时间。

后来他们重新检讨这件事情时，发现火箭的发射基地并不是非A岛不可。当时只要把火箭运到别的地方，那么，三年前早就完成发射了。

可是此前从来没有人发现这个问题。当时他们太执着于如何说服岛民的问题上，所以才连"换个地方"这么简单而容易的方法都没有想到。

在我们的工作和生活中，类似的例子屡见不鲜。销售经理也经常对业务受挫的推销员说："再多跑几家客户！"上司常对拼命工作的下属说："再努力一些！"但是这些建议都有一个漏洞。就像有人曾经问一位高尔夫球高手："我是不是要多做练习？"高尔夫球高手却回答道："不，如果你不先把挥杆要领掌握好，再多的练习也没用。"

一个人之所以成功，很多时候并不是看他是否勤奋和努力，更多时候是看他能不能迅速地找到解决问题最简单的方法。

美国前总统罗斯福在参加总统竞选时，竞选办公室为他制作了一本宣传册，在这本册子里有罗斯福总统的相片和一些竞选信息，而且要马上将这些宣传册印刷出来。可就在要分发这些宣传册的前两天，突然传来消息说这本宣传册中的一张图片的版权出现了问题，他们无权使用，这张照片归某家照相馆所有。

时间已经来不及了，可如果这样分发下去，将意味着一笔巨大的版权索赔费用。

一般情况下的做法是派人去这家照相馆协调，以最低的价格买下这张照片的版权。

可是竞选办公室并没有这样做，他们通知该照相馆：总统竞选办公室将在他们制作的宣传册中放一幅罗斯福总统的照片，贵照相馆的一幅照片也在备选之列。

由于有好几家照相馆都在候选名单中，所以竞选办公室决定借此机会进行拍卖，出价最高的照相馆会得到这次机会。如果贵馆感兴趣的话，可以在收到信后的两天内将投标寄出，否则将丧失竞价的机会。

结果，很快竞选办公室就收到这家照相馆的竞标和支票。这本来是一个应向对方付费的问题，由于找到了合适的方法，却变为对方付费的问题！运用正确的方法，竞选办公室不仅解决了问题，而且把问题变成了机会。

法国物理学家朗之万在总结读书的经验与教训时深有体会地说："方法得当与否往往会主宰整个读书过程，它能将你托到成功的彼岸，也能将你拉入失败的深谷。"

英国著名的美学家博克说："有了正确的方法，你就能在茫茫的书海中采撷到斑斓多姿的贝壳。否则，就会像瞎子一样在黑暗中摸索一番之后仍然空手而回。"

这些话中所包含的道理并非仅仅指读书，生活中许多时候，方法是十分重要的。面对一个难题时，我们不仅需要良好的态度和精神，需要刻苦和勤奋，而且需要掌握科学的方法。

许多成功者，他们都有一个共同的特点——开动智慧，寻找方法。因为他们知道，在这个世界上，唯有方法才是完美解决问题的敲门砖。

逃避问题的投机取巧者无法成功，不去寻找方法的偷懒者更是永远没有出头之日。

第二章

掌握尺度，把事办得恰到好处

办事要抓住时机

把握住时机办事是非常重要的。当我们摸清了对方心理之后，并等到一个合适的时机时，应该学会当机立断，避免犹豫不决，贻误良机，这样就可以迅速达到自己的目的。

一个人办事的成功，除了依赖一定的条件之外，机会的作用是不可忽视的。就连韩愈也在他的《与鄂州柳中丞书》中写道："动皆中于机会，以取胜于当世。"

比如，由于本单位、本部门的领导者因为某种原因，或者是工作突出被提拔了，或者到了法定年龄，离休、退休了，或者因工作犯了错误而被解职了，总之，原来的职位出现了空缺，这个空缺就为你创造了一个升迁的机会。如果这个机会来临之时，你却不知道想办法抓住机会，甚至在工作中犯了错误，那官运就会与你失之交臂。

也许有人对此不以为然，他们总认为自己的提升是因为自己拥有某些才能。这种说法带有很大的片面性。因为谁都知道，一个人被提升时，首先要有职位。没有空出的位置，任你才高八斗，学富五车，也不会被提拔到一个"悬空"的位置上。当然，我们不否认才能在提拔中的作用。

◇ **抓住办事的最佳时机**

（1）在对方情绪高涨时。

人的情绪有高潮期也有低潮期。当人的情绪高涨时，他比以往任何时候都心情愉快，表面和颜悦色，内心宽宏大量，能接受别人对他的求助。

（2）在为对方帮忙之后。

中国人历来讲究"礼尚往来""滴水之恩当以涌泉相报"。在你为他帮了一个忙后，他就欠下了对你的一份人情，这样，在你有事求他帮忙的时候，他必然知恩图报。

20世纪80年代初，上级配备一个地区的领导班子，为了体现年轻化的原则和要求，规定这一类班子的平均年龄均不得超过45岁。由于几个领导年龄较大，在选择最后一个人选时，他的年龄就必须在35岁以下。

于是，有关部门不得不放弃35岁以上的优秀干部的人选，而把眼光集中到35岁以下的年轻人身上来。通过挑选，总算把一个年轻的副乡长选了上来。这个人刚当了一年副乡长，虽然素质不错，但主要还是赶上了一个好时机，他做梦也没想到会这么快走上地区的领导岗位。

时机对于办事效果就是这样，时机不出现，有时任你费尽九牛二虎之力也办不好、办不成功；一旦时机出现了，你不想办，却反而歪打正着，然而，这属于一种非普遍的机会。就正常而言，大多数机遇都是主体努力创造的结果，如下级主动承担某项重要工作而获得了广为人知的成绩和显露出惊人的才华，从而引起领导的重视、赏识而晋升成功。所以，要想办事成功，关键的还是要靠自己主观努力来把握住时机。

把握住时机，最重要的是要认清时机。所谓时机，就是指双方能谈得开、说得拢的时候，对方愿意接受的时候。一个人在车祸丧子的悲痛中还没解脱出来，你却上门托他给你的儿子保媒说媳妇，无疑你会碰壁的；领导正为应付上级检查而忙得焦头烂额的时候，你却找他去谈待遇的不公，那你肯定要吃"闭门羹"甚至遭到训斥。掌握好说话的时机，才能提高办事的成功率。

形势不妙，另辟蹊径

在办事的过程中，难免会遇到一些棘手的，甚至解决不了的难事。这种时候最好不要死挺硬扛，而是要采取"先走为上"之策略。

所谓"先走为上"，是指办事者在自己的力量远不如对手的力量的时候，不要和对手硬拼，以卵击石，自取失败，应该采取"走"的策略，避开是非，争取另开新路。

1990年，安德斯·通斯特罗姆被瑞典乒乓球队聘为主教练。由于通斯特罗姆平时对运动员指导有方，再加上其战略战术比较高明，因此瑞典乒乓球队连年凯歌高奏。在1991年世乒赛上，他率领的瑞典男队赢得了所有项目的冠军。在1992年夏季奥运会上，他们又夺得男子单打金牌，这块金牌也是瑞典在这届奥运会上获得的唯一金牌。

然而，正当瑞典国民向通斯特罗姆投以更热切期望的时候，他突然宣布于1993年5月世乒赛结束后辞职。通斯特罗姆的业绩如此辉煌，瑞典乒乓球联合会已向他表示："非常希望"延长其聘用合同，那么他为什么要在春风得意时突然提出辞职呢？许多人对此感到迷惑。

后来，人们才知道，正是通斯特罗姆连年的成功促使他做出了辞职的决定，他透露说，自他担任主教练以来，瑞典乒乓球队取得一次又一次的胜利，但是"现在我已感到很难激发我自己和运动员去争取新的引人注目的胜利。瑞典乒乓球队需要更新，需要一个新人来领导"。

在这里，主教练通斯特罗姆用的正是"先走为上"的计策。在体育赛场上，没有永远的"常胜将军"。通斯特罗姆在感到很难再去"争取新的引人注目的胜利"之际，果断地退下来，无疑是明智之举。这样，既可以保持住自己的声望，又可以使瑞典队得以更新。在我国古代，晋国公子重耳的故事也是个很好的例子。

晋国公子重耳由于国王昏庸，献公听信骊姬的谗言，逼迫太子自杀，因而出走流亡在外，这样他既避免了骊姬的迫害，又能留得余生待国有转机时回朝主持朝政。在他流亡期间，也渐渐变得成熟干练，而且他也充分利用"走"来寻找他的同盟者。这样他就在"走"的同时来促使晋国内外发生有利的变化，最后，他终于在秦国大军的护送下归晋，众多人欢迎重耳回国。

这是留与走的一个鲜明对比：留则无生路，走后得王位。这虽是一个治国之君的经历，但这个道理在我们平时办事的过程中也是大有作用的。切记：走是为了等待时机，创造条件，不是为了躲避困难，寻求安逸。

与上司相处，要保持一个度

在与上司的工作关系中，除了要摆正自己的位置，更重要的是把握好自己的职责权限。分内的事情努力做好，分外的事不要轻易插手，尤其不可做出越级越权的事情来。

小刘和小王是同一部门的普通工作人员，他们有一个共同的特点，就是精明果断，办事能力颇强。但该部门的主管拖拖拉拉，优柔寡断。对此，心高气傲的小刘早就颇有微词。

公司向该部门下达了新的业务指标，主管反复考虑，瞻前顾后，一直无法提出具体的计划和方案。心怀不满的小刘直接向总经理打报告，提出了自己的一套方案。而为人低调的小王选择跟主管共同商量，拿出相应的对策和方案。在小王的启发下，主管凭借自己丰富的实战经验，很快提交了一套同样出色的方案。最终，公司采纳了主管的方案。不久，主管获得提升，小王在他的推荐下，接替了他的位子。怨气冲天的小刘很快便离开了公司。

在很多情况下，主管的能力不一定比下属强，但这不能改变主管与下属之间从属的关系。

把自己的聪明才智无私地奉献给主管，有人认为这样太冤了，心理上难以平衡。事实上，只有主管得到提升，你才能有出头之日，你在紧急关头及时"救驾"，你的主管会从此视你为得力干将，对你另眼相看。一有机会，你得到提升是水到渠成的事情。

越级越权，企图盖过上司的风头，在上司的上司那里表现自己，这种行为会严重损害部门主管的感情，给自己以后的晋升带来难以逾越的障碍。因此，除非万不得已，千万不要越级。公司像一部复杂而精密的机器，每一个部件都在固定的位置发挥着不同的作用，以保障整部机器的正常运转。

然而有一部分人为了突出自己，老是喜欢搞越级活动，这些人大部分都对自己顶头上司有某种不信任或者不服气。这样做的后果是扰乱了公司的正常工作程序，造成人为的关系紧张，反而影响了工作效率，更影响到自己的晋升之路。

"到位而不越位"的几个守则。

1. 明确工作权限

进入某一岗位，需要弄清楚自己日常扮演的角色、应当履行的职责和应当遵守的行为规范。

2. 分清分内和分外

在其位要谋其政，不属于自己职责范围内的工作便要小心谨慎，尽量少插手、不插手。当然，不排除有些上司会下放自己的某些权限，把本属于自己职责范围内的一些工作交给值得信赖的下属去做。此时，作为下属，一定要全力以赴，发挥自己的极限水平去做好。

应当注意的是，必须由上司自己亲自委派你干这项工作，一般情况下不要主动要求。以免上司认为你插手太多，有越位之嫌。

3. 不可轻越"雷池"

遇到自己不熟悉的工作时要多请示，否则，往往不自觉地造成越权行为，好心办错事。"雷池"不可轻越，万事谨慎为先。

办事要掌握好火候

办任何事情都应有轻重缓急之分，有的事发生后，必须马上处理，延误了时间就可能与预期目标相背离，或是财产损失加大，或是身家性命有危。

但是有些人际关系的处理，发生之时，立即解决，可能会火上浇油，使事态发展愈加严重，而冷却几日，使当事人恢复理智以后再处理，就可能会大事化小、小事化了。

所以，在办事过程中，处理事情就要掌握好火候，这对事情的成败至关重要。

像我们都熟知的"将相和"的历史故事，如果蔺相如在廉颇正气势汹汹之时，去找他解释，与他理论，即使和颜悦色、平心静气，廉颇也可能一句也听不进去。这样不但不利于解决矛盾，反而极有可能引起新的冲突，使事态严重，对彼此双方更为不利。

为掌握解决冲突的"火候"，有人找到了一种"10% 法"，即事情发生后，再等 10% 的时间。

这 10% 的时间，你的朋友或对方，会因说出的话、办过的事向你道歉；这 10% 的时间，也使你的头脑更清醒，而不至于在盛怒之下失去控制。

受到别人的伤害，我们很可能暴跳如雷、怒发冲冠，与其如此，不如暂且迫使自己先冷静下来，然后再去想应当怎样对待，要知道大多数人不是有意要伤害我们的。

事实上，我们永远无法避免受伤害，它是我们生活的一部分。既然如此，何必忧之恨之？除此之外，要想别人不伤害你，还要时刻想到不要伤害别人，只有这样，才能活得轻松，活得愉快；也只有这样，你才能找到为你办事的人。

需要我们立马做的事就是最重要、最紧急的事，来不得任何拖延。做完了一件事后又可依此方法对下面的事进行分类。那么我们依据什么来分清轻重缓急，设定优先顺序呢？

善于办事的高手都是以分清主次的办法来统筹时间，把时间用在最有"生产力"的地方。

练习分清事情的轻重缓急，逐步学习安排整块与零散时间。不要避重就轻。事情肯定会有轻重缓急，先集中时间，把最重要的先完成，不重要的没有及时完成也不后怕。

利用好零散的时间做事，可以在不知不觉中完成烦琐的杂务。关键是不要怕办难办的事。

总之，只有在办事时把握住处理的先后、主次，才能在短时间内把事办得又快又好。

第三章

锲而不舍，没有办不了的事

控制住你的情绪

办事首先要有个心理准备，要控制住自己的情感。毕竟事情不会尽如自己所愿。我们可以这样设想：当一个人无意中触痛了你的敏感之处，你就不顾一切地乱喊乱叫，人家对你的印象还会好吗？当人家同意你的一个观点时，你就高兴得眉飞色舞，他们对你的印象还会好吗？同样地，在办事时，如果别人不答应帮忙，你就满脸的不高兴；如果别人答应帮忙，你又高兴得忘乎所以，那别人对你的印象会好吗？

汤姆曾经告诉过朋友们这样一件事：一个星期六的上午，汤姆去会见某知名公司的部门主管。约见地点是他的办公室。主人事先说明他们的谈话会被打断20分钟，因为他约了一个房地产经纪人。他们之间关于该公司迁入新办公室的合同就差签字了。

由于只是个签字的手续，主人允许汤姆在场。

◇ **懂得忍让**

忍人之所不能忍，方能为人所不能为。别人冤枉了你，你感到深受伤害，那你如何去忍让这个人呢？

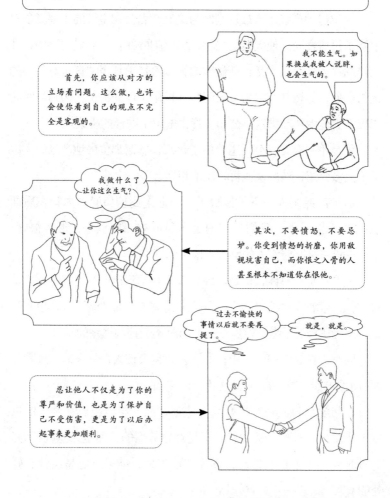

后来那位房地产经纪人带来了平面图和预算，很明显他已经说服了他的顾客，就在这稳操胜券的时候，他却出人意料地做了一件蠢事。

这位房地产经纪人最近刚刚与这家知名公司主管的主要竞争对手签了租房合同。他大概是兴奋，仍然陶醉在自己的成功之中，开始详细描述那笔买卖是如何做成的，接着赞美那个"竞争对手"的优秀之处，称赞其有眼力，很明智地租用了他的房子。汤姆当时猜想接下去他就要恭维这位公司主管也做出了同样的决策。

可是不一会儿，公司主管站了起来，感谢那位房地产经纪人做了那么多介绍，然后说他暂时还不想搬家。

房地产经纪人一下子傻眼了。当他走到门口时，主管在后面说："顺便提一下，我们公司的工作最近有一些创意，形势很好，不过这可不是踩着别人的脚印走出来的。"

或许在那个时候，房地产经纪人才意识到自己在关键时刻忘了对方，只顾着陶醉于自己已取得的推销成果，而忽略了买方也有其做出正确抉择的骄傲。这就是在办事时不会控制情绪的结果。

同时，在办事的过程中，暴躁发怒也会使人很快失败，成功需要有很强的自控能力，有处变不惊的素质。

如何学会自制呢？最好的办法就是经常将自己放在别人的位置上想想。有时自己被激怒并不是对方故意的，而是无意的行为。这种时候如果不控制自己，任由感情爆发，结果肯定是没什么好处的。

一位曾在酒店行业摸爬滚打了多年的老总说："一个人不见得

有比使他伤脑筋更大的事情了。在经营饭店的过程中，几乎天天会发生能把你气得半死的事。当我在经营饭店并为生计而必须与人打交道的时候，我心中总是牢记着两件事情。第一件是：绝不能让别人的劣势战胜你的优势。第二件是：每当事情出了差错，或者某人真的使你生气了，你不仅不能大发雷霆，而且要十分镇静，这样做对你的身心健康是大有好处的。"

一位商界精英说："在我与别人共同工作的过程中，多少学到了一些东西，其中之一就是，绝不要对一个人喊叫，除非他离得太远不喊听不见的时候。即使那样，也得确保让他明白你为什么对他喊叫，对人喊叫在任何时候都是没有意义的，这是我的经验。喊叫只能制造不必要的烦恼。"

从上面的那位老总和商界精英的话中，我们也可以看出控制住自己的情绪对于一个人办事有多么大的影响。所以，现在如果你觉得自己还不能很好地掌控自己的情绪，同时你又想把事情办得尽善尽美，那么就多多地留意，从控制自己的情绪做起吧！

面对冷遇不灰心

与人交往，遭人冷面相对的事几乎是不可避免。有的人会拂袖而去，有的人会心存怨恨。这样的反应虽在情理之中，受人同情，却不利于办事；有时还会因小失大，耽误办事的进程。因此，遇到了冷遇，要研究对策，具体问题具体分析。了解受到冷遇的具体情况再做不同的反应，是十分必要的。若按遭冷遇的成因而分，不外乎三种情况。

第一种是由于自我估计错误造成的冷遇。无论是对自己估计过高还是过低，都容易给对方造成错觉，认为你不诚实，从而遭到冷遇。在这种情况下，应首先对自己重新分析、判断，摆正自己的位置，及时纠正对方的看法，这样冷遇就会缓解。

第二种是由于对方考虑欠佳，不经意间造成的冷遇。如果受到这种冷遇，你不应过分计较，因为每个人平时都生活在多重人际关系中，你无权要求别人随时照顾到你的感受。毕竟人们难以面面俱到，遭受这种冷遇是难免的，你应充分理解，千万不要因此弄僵与对方的关系。

第三种是对方故意给你冷遇和难堪。对于这种情况，你应努力克制愤怒，使自己看上去满不在乎，不论对方如何冷落你，你仍然热情地与之交往，使对方受到感动，从而慢慢对你的态度好起来。

在办事遭受冷遇的时候，千万不能灰心气馁，而是要弄清原委，再决定对策。下面就是针对 3 种不同原因所造成的冷遇而做出的不同策略，希望会对那些办事屡遭冷遇的人有所帮助。

1. 由于自我估计错误造成的冷遇

就像上面所说的那个青年人一样，其实，这种冷遇是对彼此关系估计过高、期望太大而形成的。这种冷遇是"假"冷遇，非"真"冷遇。如遇到这种情况，应自己检点自己，重新审视自己的期望值，使之适应彼此关系的客观水平。这样就会使自己的心理恢复平静，除去不必要的烦恼。

2. 由于对方考虑欠佳所造成的无意性冷遇

对于无意性冷遇，则应采取理解和宽容的态度。在交际场上，有时人多，主人难免照应不周，特别是各类、各层次人员同席时出现顾此失彼的情形是常见的。这时，照顾不到的人就会产生被冷落的感觉。

当你遇到这种情况，千万不要责怪对方，更不应拂袖而去。相反，应设身处地地为对方想一想，并给予充分的理解和体谅。

比如，有位司机开车送人去做客，主人热情地把坐车的迎进去，却把司机忘了。开始司机有些生气，继而一想，在这样闹哄哄的场合下，主人疏忽是难免的，并不是有意看低自己、冷落自己。这样一想，气也就消了。他悄悄地把车开到街上吃了饭。

等主人突然想起司机时，他已经吃了饭又把车停在门外了。主人感到过意不去，一再检讨。见状，司机说自己不习惯大场合，且胃不好，不能喝酒。这种大度和为主人着想的精神使主人很感动。事后，主人又专门请司机来家做客。从此，两人关系不但没受影响，反而更密切了。

3. 对方故意给你冷遇

遇到故意的冷遇时也要做具体分析，必要时可采取针锋相对的手段，给予适当的回击。

有这样一个例子：一天，纳斯列金穿着旧衣服去参加宴会。他走进门时，没有人理睬他，更没人给他安排座位。于是，他回到家里，把最好的衣服穿起来，又来到宴会上。主人马上走过来迎接他，安排了一个好位子为他摆了最好的菜。

纳斯列金把他的外套脱下来，放在餐桌上说："外衣，吃吧！"主人感到很奇怪，问："你干什么呢？"他答道："我在招待我的外衣吃东西。你们的酒和菜，不是给衣服吃的吗？"主人的脸唰的红了。纳斯列金巧妙地把窘迫还给了冷落他的主人。

总之，在办事过程中遇到冷遇时，不可主观臆断，而应具体问题具体分析，否则只会造成不必要的损失。

跌倒后立刻站起来

办事之前你也许会这样想："如果我被拒绝，该怎么办？"有很多人一旦遭人拒绝，就会唉声叹气或大骂对方混蛋。

对待挫折，不同态度会招致不同的结果：当你遭人拒绝时就放弃努力，你得到的只能是失败；继续尝试，下定决心去获得成功，才是避免办事失败的最好办法。

对于那些自信而不介意暂时失败的人，没有所谓的失败；对于怀着百折不挠的意志的人，没有所谓的失败；对于别人放弃他却坚持，别人后退他却前进的人，没有所谓的失败；对于每次跌倒却立刻站起来，每次坠地反而像皮球那样跳得更高的人，没有所谓的失败。

1832 年，美国有一个人和大家一道失业了。他很伤心，但他下定决心改行从政，当个政治家，当个州议员。糟糕的是，他竞选失败了。一年遭受两次打击，这对他来说痛苦是不言而喻的。

但是他并没有灰心，接下来他着手开办自己的企业，可是，不到 1 年，这家企业又倒闭了。此后 17 年的时间里，他不得不为偿还债务而到处奔波，历尽磨难。他再次参加竞选州议员，这一次他

◇ 如何面对人生挫折

在生命的过程中不仅仅有鲜花和掌声，也有荆棘与泪水。要在顿悟之中找到开启未来之门的钥匙，在挫折和失败中磨炼自己，重新扬起生命之帆。

第一，遇到挫折，要学会积极归因，然后对症下药，找到应对挫折的有效方法。

第二，面对挫折要有顽强的毅力和锲而不舍的精神。这样才能把前进道路上的绊脚石变成垫脚石，从而获得成功。

第三，遇到困难和挫折时要学会自我疏导，将消极情绪转化为积极情绪，增添战胜挫折和失败的勇气。

当选了，他内心生起一丝希望，认定生活有了转机："可能我要成功了！"

第二年，即 1851 年，他与一位美丽的姑娘订婚。没料到，离结婚日期还有几个月的时候，未婚妻却不幸去世。这对他的精神打击太大了，他心力交瘁，数月卧床不起，因此患上了精神衰弱症。

1852 年，他觉得身体康复过来，于是决定竞选美国国会议员，可是又失败了。

一次次尝试，一次次失败，你在求人办事时碰到这种情况会不会万念俱灰放弃新的尝试？但他没有放弃，1856 年，他再度竞选国会议员，他认为争取自己作为国会议员的表现是出色的，相信选民会继续选举他。可是，机遇好像总是捉弄他，他落选了。

之后，为了挣回竞选时花销的一大笔钱，他向州政府申请担任本州的土地官员。州政府退回了他的申请报告，上面的批文是："本州的土地官员要求具备卓越的才能、超常的智慧，你的申请未能满足这些要求。"

在他一生经历的 11 次较大事件当中，只成功了两次，然后又是一连串的碰壁。可是他始终没有停止自己的追求，他一直在做自己生活的主宰。1860 年，他最终当选为美国总统。

他，就是后来在美国历史上创建丰功伟绩的亚伯拉罕·林肯。

很显然，林肯的成功是与他的坚持不懈分不开的，于是在美国白宫的总统办公室里，他的肖像被悬挂在显眼的位置上，罗斯福总统曾告诉别人说："每当我碰到犹疑不决的事，便看看林肯的肖像，想象他处在这个情况下应该怎么办，也许你会觉得好笑，但这是使我解决一切困难最有效的办法。"

林肯在屡遭失败后，如果他放弃了尝试，美国历史就要被改写了。然而，面对艰难、不幸和挫折，他没有动摇，没有沮丧，他坚持着，奋斗着。他根本没有想过放弃努力。他不愿在失败之后放弃。正是这种精神促成了他最后的成功。

你为什么不去尝试一下林肯的办法呢？如果你在办事的时候碰到了困难，请不要气馁，你可以想一下，当年的林肯要比你困难得多！林肯竞选参议员失败后，他告诉他的朋友说："即使失败 10 次，甚或 100 次，我也绝不灰心放弃！"

在办事的过程中，如果有永不言败的勇气，那么一切事情都会迎刃而解。

克服阻碍成功的心理障碍

心理障碍对一个人的工作、生活都是极其不利的，在办事的过程中也是如此。所以，我们要想让事情办成功就要努力克服这道障碍。

每个人都有能力发展自己，取得更大的成功，不幸的是人们在开发自己潜能、取得成功的过程中常会遇到一种自身的心理障碍，这就是所谓的"约拿情结"。上帝给了约拿机会，他却退缩了。这是个怀疑甚至害怕自己的智力所能达到的光辉水平，心理软弱到甘愿回避成功的典型。

回避成功的心理障碍，主要有意识障碍、意志障碍、情感障碍

◇ 如何克服社交恐惧

心理错觉、知觉错觉、偏见和思维定式障碍等，会使人产生一种社交恐惧，当你发现自己存在社交恐惧时应该及时克服，下面的几种方法不妨一试。

（1）平衡心理，主动出击

当一个人对外界不确定时，就会出现恐惧的心理。与其害怕不如主动面对。因此，不妨主动寻求外界的刺激，以提高你的心理素质和解决问题的能力。

（2）给自己松绑

社会交往过程中不要背包袱，学会轻松、坦然地面对一切。

（3）不否定自己

不苛求自己，能做到什么地步就做到什么地步，只要尽力了，不成功也没关系。

和个性障碍等。

1. 意识障碍

所谓意识障碍，指由于人脑歪曲或错误地反映了外部现实世界，从而影响以至减弱人脑自身的辨认能力和反应能力，阻碍着人们对客观事物的正确认识，从而影响了在事业上的成功。主要表现在：

（1）"自卑型"心理障碍：因生理缺陷或心理缺陷即自认为智力水平低，或家庭、社会条件不如人。

（2）"闭锁型"心理障碍：不愿表现自己，把自我体验封闭在内心，因而缺乏自我开发的积极性。

（3）"厌倦型"心理障碍：是一种厌恶一切、对什么都不感兴趣或感觉无能为力的心理状态。

（4）"习惯型"心理障碍：习惯是由于重复或练习巩固下来的并变成需要的行为方式，习惯形成一是自身养成，二是传统影响。

（5）"志向模糊型"心理障碍：是指对将来干什么，成为何类人才的理想不明确，因此不能进行自我能力开发。

（6）"价值观念异变型"心理障碍：是指对作用于人的客观事物的价值量进行了不正确的或者错误的心理评估，形成了一种畸形的价值意识，最突出的表现为贬低自己目前所从事的职业，因而不能结合工作开发自身能力的。

2. 意志障碍

所谓意志障碍，指人们在自我能力开发中，确定方向、执行决定、实现目标的过程中起阻碍作用的各种非专注性、非持恒性、非自制性等不正常的意志心理状态。主要表现在：

（1）"意志暗示型"心理障碍：是指在制定和执行目标时，易受外界社会风潮和他人意向的直接的或间接的影响，而产生的一种摇摆不定的意志心理状态。比如，"三天打鱼，两天晒网"。

（2）"意志脆弱型"心理障碍：表现在没有勇气去征服实现目标道路上的困难，只是被动地改变或放弃自己长期进取的既定目标。

（3）"怯懦型"心理障碍：这种人过于谨慎、小心翼翼，常多虑、犹豫不决，稍有挫折就退缩，因而影响自我开发目标的完成。

3. 情感障碍

所谓情感障碍，指人们在能力的自我开发中对客观事物所持态度方面的不正确的内心体验。主要表现为麻木情感，即人们情感发生的阈限超过常态的一种变态情感。所谓情感阈限，就是引起感情的客观外界事物的最小刺激量。麻木情感的产生主要是由于长期遇到各种困难，受到各种打击，自己又不能正确地对待和加以克服，以致对客观外界事物的内心体验阈限增高，形成一种内向封闭性的心理态势。它使人们丧失对外界交往的生活热情和对理想及事业的追求。

4. 个性障碍

所谓个性障碍，指人们在自我开发中常常出现的气质障碍和性格障碍，如抑郁质的人易表现孤僻乖戾、不善交际的弱点；黏液质的人易表现优柔寡断、缺少魄力的弱点；多血质的人缺乏毅力；胆汁质的人多表现出办事武断、鲁莽等弱点。

坚持以诚意打动对方

俗话说:"好事多磨,水滴石穿。"办事很多时候就是靠"磨"出来的,它以消极的形式争取积极的效果,既表现出毅力,又给对方增加压力。

"人心都是肉长的。"不管朋友之间认识距离有多大,只要你善于用行动证明你的诚意,就会促使对方去思索,进而理解你的苦心,从固执的框子里跳出来,那时你就将"磨"出希望了。

日本"推销之神"原一平,小时候是村里的"混世魔王",人见人怕。由于自己声名狼藉,23岁那年他只好只身来到东京开始创业。到了35岁时,他已经成为日本保险界赫赫有名的人物,阔别家乡十几年的他,终于高高兴兴地回去探家。

原一平这次回家有两个目的,一是想让家乡人都知道当年的"混世魔王"已经改好了;二是想在自己的家乡开展保险工作。所以回到家乡不久,便大力宣扬保险知识。遗憾的是村民根本不相信当年的"混世魔王",怕吃亏,谁也不愿参加。原一平明白要想在村里开展保险工作,最重要的是先求助于村长帮忙才能顺利进行。

现在的村长是当年和原一平一起玩的朋友,而且当时的原一平经常欺负他,如今要想取得村长的帮忙,肯定很不容易。不过,原一平没有放弃,找了时间提了点礼物来到村长家,村长一看是当年的"混世魔王"回来了,不禁想起了他以前在村里做的坏事,不由自主地吃了一惊。

当原一平提及让村长帮忙动员村民一起学习、参加保险时，村长一口回绝了。

第二天，原一平提着礼物又来了，村长好像有点不好意思，但依然拒绝了他。

第三天，原一平还是来了。不过这次村长的家人告诉他说，村长到几十里外的邻县亲戚家帮助盖房。原一平得知这个消息后，明白村长是故意不肯见他。于是原一平骑车按照村长家人说的地点追了去，车子一放，袖子一挽就干活，干完活还和村长"磨"。

为了找一个长谈的时机，原一平干脆天不亮就起床，冒雨赶到村里，在村长家门外一站就是两个钟头，村长起床开门愣住了，见原一平淋得像落汤鸡，只好答应了他的请求。

村长这个堡垒一被攻破，这个村参加保险工作的局面就打开了。

很多时候人们认为缠着对方是一件很为难的事情。但事情不办是不行的，对方有意推托、拒绝，那我们只能靠缠着对方来达到目的了。所以有耐心也是办成事的基本功夫。

下 篇

会做人

——看透，想通，做明白

第一章
吃亏是福，做人要有长远眼光

舍小利为大局

古时，塞外住着一位老人。老人由于不小心丢了一匹马，邻居们认为是件坏事，替他惋惜。老人却说："你们怎么知道这不是件好事呢？"众人听了之后大笑，认为老人是丢马后急疯了。

几天以后，老人丢的马又跑了回来，而且带来了一群马。邻居们看了，都十分羡慕，纷纷前来祝贺这件从天而降的大好事。老人却板着脸说："你们怎么知道这不是件坏事呢？"大伙听了，哈哈大笑，都认为老人是被好事乐疯了，连好事坏事都分不出来。果然不出所料，过了几天，老人的儿子骑新来的马玩儿，一不小心把腿摔断了。众人都劝老人不要太难过，老人却笑着说："你们怎么知道这不是件好事呢？"邻居们都糊涂了，不知老人是什么意思。事隔不久，发生战争，所有身体好的年轻人都被拉去当了兵，派到最危险的第一线去打仗。而老人的儿子因为腿摔断了而未被征用，他在家乡大后方过着安全幸福的生活。

这就是老子的《道德经》所宣扬的一种辩证的思想。基于这种辩证关系，我们可以明白，即使是看起来很坏的事情，也会带来意想不到的好处，生活中此类事很常见。懂得变通的人一定会该忍就忍，有时看似失利的事反而是获得更大利益的前提和资本。

生活中懂得变通思考的人，善于从丧失小利益当中学到大智慧。舍小利为大局也是一种哲学的思路。

以和为贵

孟子说：君子之所以异于常人，便是在于其能时时自我反省。即使受到他人不合理的对待，也必定先反省自身，如：我是否做到仁的境界？是否欠缺礼节，否则别人为何如此对待我呢？等到自我反省的结果合乎仁也合乎礼了，而对方强横的态度仍然未改，那么，君子又必须反问自己：我一定还有不够真诚的地方。再反省的结果是自己没有不够真诚的地方，而对方强横的态度依然故我，君子这时才感慨地说："他只不过是个荒诞的人罢了，这种人和禽兽又有何差别呢？对于禽兽根本不需要斤斤计较。"

每个人都生活在社会群体中，有人的地方自然有矛盾，有了分歧，不知怎么办，很多人就喜欢争吵，非论个是非曲直不可。其实这种做法很不明智，吵架伤和气又伤感情，不值！不如大事化小小事化了。俗话说"家和万事兴"，推而广之，人和也万事兴。人际交往中切不可太认死理，装装糊涂于己于人都有利，善于变通的人会选择"以和为贵"的方式来为人处世。

事实上，按照常情，任何人都不会把过去的记忆像流水一般地抛掉，就某些方面来讲，人们有时会有执拗很深的事件，甚至会终生不忘。当然，这仍然属于正常之举。谁都知道，怨恨会随时随地有所回报。所以，为了避免招致别人的怨愤或者少得罪人，一个人行事需小心注意。《老子》中据此提出了"以德报怨"的思想，孔子也曾提出类似的话来教育弟子："以直报怨，以德报德"。其含义均是为人处世时心胸要豁达，以君子般的坦然姿态应付一切。

《庄子》中对如何不与别人发生冲突也做了如下阐述。有一次，有一个人去拜访老子。到了老子家中，看到室内凌乱不堪，感到很吃惊，于是，他大声咒骂了一通扬长而去。翌日，又回来向老子道歉。老子淡然地说："你好像很在意智者的概念，其实对我来讲，这是毫无意义的。所以，如果昨天你说我是马的话我也会承认的。因为别人既然这么认为，一定有他的根据，假如我顶撞回去，他一定会骂得更厉害。这就是我从来不去反驳别人的缘故。"

从这则故事中可以得到如下启示：在现实生活中，当双方发生矛盾或冲突时，对于别人的批评，除了虚心接受之外，还要练成毫不在意的功夫。人与人之间发生矛盾的时候太多了，因此，一定要心胸豁达，有涵养，不要为了不值得的小事去得罪别人。而且生活中常有一些人喜欢论人短长，在背后说三道四，如果听到有人这样谈论自己，完全不必理睬这种人。只要自己能自由自在按自己的方式生活，又何必在意别人说些什么呢？

从前，有一对圣人兄弟名叫伯夷、叔齐，二人互相推让王位，退隐到山林里，最后饿死了。还有一位商朝的宰相伊尹，也很著名。孟子把孔子、伯夷和伊尹三人的人生观加以比较后，他说："不同道。非莫君不事，非其民不使；治则进，乱则退：伯夷也。何使非君？何使非民？治亦进，乱亦进：伊尹也。可以仕则仕，可以止则止，可以速则速：孔子也。皆古圣人也。吾未能有行焉。及所愿，则学孔子也。"

孔子、伯夷、伊尹三人，各有不同的人生观，但都能坚守仁义，所以孟子认为他们都是圣人。换言之，只要能够忠实地坚守原则，那么采取什么手段、方法都无关紧要。

这种处世态度对生活中的人们很有借鉴意义。人们往往因为别人的生活方式以及应对态度与己不同，因而排斥对方，认为唯有自己才正确。其实，只要能够遵守做人的原则，那么采取什么生活方式都无所谓。我们不可能要求别人在生活方面处处和自己一样，或是事事如己愿，这是极不现实的，如果能认清这个道理，人的心胸就会豁然开朗。圆融变通为人，就会允许人与人之间的差异存在，这样的人才是受欢迎的人。

让一步，收获更大

你知道吗？你所有的思想及言行，造就了全部的你。为他人提供良好的服务，善意地对待他人，对自己一定会有帮助；斤斤计较，吹毛求疵，处心积虑地伤害别人，自己也得不到内心的宁静。

遇到美味可口的饭菜时，要留出三分让给别人吃，这才是一种美德。路留一步，味留三分，是提倡一种谨慎的利世济人的方式。在生活中，除了原则问题必须坚持外，对小事、个人利益互相谦让就会带来个人的身心愉快。

在社会上，无论说话也好，做事也好，好多人不肯给别人留一点余地，不愿给别人一点空间，往往只为了"争一口气"。本来没有什么大不了的小事，非要大费周折，互不让步，结果小事变大

◇ "让一步"收获更多

在这个世界上，没有完全绝对的事情，就像一枚硬币具有它的两面性一样。这就告诫我们做人做事都不要太绝对，要给自己和他人留有余地。

人与人之间需要相互帮助和忍让，缺少这两样便什么事也干不了。要知道在给对方设一道门的时候，其实也把自己堵在了门外。

事，甚至搞得两败俱伤，何苦呢？

人在世间若是不能忍受一点闲气，不肯给人方便，让人一步，往往使自己到处碰壁，到处遭遇阻碍。不肯给人方便，结果自己到处不方便。

如果一个人平常在语言上让人一句，在事情上留有余地，肯让人一步，也许收获就会更大。让人，多发生于竞争情境，由于让人行为而使矛盾化解，争斗平息，对手变手足，仇人变兄弟，因此，让人是避免斗争的极好方法，对个体也具有一定的价值。它具体表现在：

（1）得理不让人，让对方走投无路，有可能激起对方"求生"的意志，而既然是"求生"，就有可能"不择手段"，这对你自己将造成伤害，好比把老鼠关在房间内，不让其逃出，老鼠为了求生，会咬坏你家中的器物。放它一条生路，它"逃命"要紧，便不会对你的利益造成破坏。

（2）对方"无理"，自知理亏，你在"理"字已明之下，放他一条生路，他便会心存感激，来日自当图报。就算以后不会如此，也不太可能再度与你为敌。这就是人性。

（3）得理不让人，伤了对方，有时也连带伤了他的家人，甚至毁了对方，这有失厚道。得理让人，也是一种积蓄。

（4）人海茫茫，却常常"后会有期"。你今天得理不让人，哪知他日你们二人会不会狭路相逢？若届时他势旺你势弱，你就有可能吃亏！"得理让人"，这也是为自己以后留条后路。

人情翻覆似波澜。今天的朋友，也许将成为明天的对手；而今天的对手，也可能成为明天的朋友。世事如崎岖道路，困难重重，因此，走不过去的地方不妨退一步，让对方先过，就是宽阔的道路也要给别人三分便利。这样做，既是为他人着想，又能为自己留条后路，多一个朋友多一条路。

做人要学会"让"的艺术，让人一步有时能让你获得意想不到的好效果。

变通为人，善自责

在事业受到挫折、群众情绪低落时，负有一定领导责任的人引咎自责，能产生振奋人心、鼓舞士气的作用。

除了那些只宜于小范围内私下进行的以外，自责时要敢于"亮丑"，不要怕失面子，尽可能在较大范围内公开进行。

一位领导曾应邀参加一个高教工作座谈会，迟到了半个小时，该领导对此做了这样的讲话："我今天迟到了半个小时，不管什么原因都不能自我原谅（主办单位未将地址通知他）。我向大家做检查，不坚决改掉这种拖拉作风！"

不言而喻，一点失误，且由客观原因造成，当事人却立即进行公开的自我批评，这自然会得到群众的称赞。自责如果能与对手相结合，将显得客观公允，令人折服。

变通的人在善于自责的同时，不轻易去指责别人。指责是对别人自尊心的一种伤害，它只能促使对方起来维护他的荣誉，为自己辩解，甚至会记下你这一箭之仇，寻机日后报复。人的本性就是这样，无论他多么不对，他都宁愿自责而不希望别人去指责他们。我们都是这样，在你想要指责别人的时候，你得记住，指责就像放出的信鸽一样，它总要飞回来的。

面对可以指责的事情，你完全可以这样说："发生这种情况真遗憾，不过你肯定不是故意这么做的，是吗？为了防止今后再有此类事情发生，我们可以分析一下原因……"这种真心诚意的帮助，远比指责更有效。

◇ 用自责为自己脱身

> 人非圣贤，孰能无过？人们在工作和生活中出现了过错、失误，是痛痛快快地承认与自责，还是讳莫如深、遮遮掩掩呢？聪明人往往选择前者。

发自内心地自责，能有效地减少失误造成的危害，消除由此带来的人际隔阂、怨恨。

对不起大家，这个月的销售业绩下降都是我的责任！

不是的，经理，我们都有责任。

这都怪你，要不是你事情不会成这样！

怎么能怨我，要不是你自作主张，我也不会那么做！

指责不仅使你得罪了对方，而且他必然会来指责你，这是徒劳无益的。

只有多从自身反省，不轻易去指责别人，才能减少人与人之间的摩擦。

一位留法的中国学生介绍说，法国人爱认错。有一次，他没有租用电话，账单上却出现了19法郎的租用电话费用，他便前往电话局交涉。接待人员虽不知道详情，却坦然承认可能是电话局的错，并估计是往电脑里输入数字的工作人员疏忽了，打错了房间的号码。后来，问题查清，果然是电话局搞错了。负责处理此事的营业员特写信代电话局向中国留学生道歉，承认营业员的工作有需要改进的地方，并减少中国留学生的部分电话费，以作为他跑一趟电话局的补偿。

这位留学生还发现，法国人不但爱认错，而且很少抱怨和批评别人。他在法国很少听到诸如学生因考试迟到而抱怨天气或堵车，也没有见过谁不小心踩了狗屎而责怪邻居为什么在这儿遛狗。他分析，这可能是法国人认为碰上了不愉快的事，再去强调客观已于事无补，而这时扪心自问有没有错，则可避免下次再犯同样的错误。旅法几年，他很少见过法国人在公共场合吵架。他认为，法国这个民族长期奉行的自我认错习惯，真不啻为润滑剂，它最大限度地减少了人际交往中的摩擦。

多反省，少责人是变通为人不可少的策略。多认错，如果错误真的是在自己方面，那就争取到了主动；如果不是，有错的一方也会向你表示谢意或敬意。更为常见的现象，往往是双方都有一定的责任。在这种情况下，先认错的一方往往也是比较主动一些。

死不认错，横行霸道，再强大也会招祸上身。因此，中国古人说得好："完名美节不宜独任，分些与人，可以远害全身；辱行污名不宜全推，引些归己，可以韬光养德。""执拗者福轻，而宽厚之士其年必长。"

第二章

做人要会变通

该刚则刚，当柔则柔

"刚柔并济"是一种交友处世的方法，它可使激烈的争论停下来，也可以改善气氛、增进感情。

东汉初年，冯异治理关中甚见成就，有人向刘秀打他的小报告说："异威权至重，百姓归心，号为'咸阳王'。"刘秀虽然并不相信这一套，但他也没有就此罢休，而是将这份报告转给了冯异。冯异大为惊恐，连忙上书申辩。刘秀便抚慰他说："将军之于国家，义为君臣，恩犹父子，何嫌何疑，而有惧意！"这种效果显然比单独施恩或施威要好得多。

下面这个例子，是日本著名企业家松下幸之助的故事：

有一次，部下后藤犯了一个大错。松下怒火冲天，一面用挑火棒敲着地板，一面严厉责骂后藤。骂完之后，松下注视着挑火棒说："你看，我骂得这么激动，居然把挑火棒都扭弯了，你能不能帮我把它弄直？"

这是一句多么绝妙的请求！后藤自然是遵命，三下五除二就把它弄直了，挑火棒恢复了原状。松下说："咦？你的手可真巧啊！"随之，松下脸上立刻绽开了亲切可人的微笑，高高兴兴地赞美着后藤。至此，后藤一肚子的不满情绪立刻烟消云散了。更令后藤吃惊的是，他一回到家，竟然看到太太准备了丰盛的酒菜等他。"这是怎么回事？"后藤问。"哦，松下先生刚来过电话说：'你家老公今天回家的时候，心情一定非常恶劣，你最好准备些好吃的让他解解闷吧。'"此后，后藤自然是干劲十足地工作了。

357年，前秦苻坚即位后，任用汉人王猛治理朝政，富国强兵，在近二十年的时间内，把整个黄河流域和长江、汉水上游都纳入了前秦的控制。为了争取支持者，他对各族上层人物极力优容和笼络，如慕容垂、姚苌，都毫不见疑地委以重任。对苻坚的这一做法，谋臣王猛曾多次劝说苻坚对那些异族重臣有所制约，甚至还不止一次利用机会设法除掉这些人。但苻坚迷信自己对他们的恩义，阻止他这么做。

在鲜卑贵族慕容垂、慕容泓相继谋反后，苻坚面责仍在自己手中的原前燕国主慕容玮说："卿欲去者，朕当相资。卿之宗族，可谓人面兽心，殆不可以国土期也。"在慕容玮叩头陈谢之后，他又说："《书》云，父子兄弟相及也，此自三竖之罪，非卿之过。"但是，慕容玮并未为苻坚这一套所感化，在暗中仍企图谋杀苻坚来响应起兵复国的慕容氏鲜卑贵族，后来因谋泄才被苻坚擒杀。苻坚这才后悔不听王猛的忠谏，但这时大局已无法挽回了。

214 年，刘备夺取四川后，诸葛亮在协助刘备治理四川时，立法"颇尚严峻，人多怨叹者"，当地的官员法正提醒诸葛亮，对于初平定的地区，大乱之后应"缓刑弛禁以慰其望"。诸葛亮认为自己的做法并没有错，他对法正说："四川的情况，不同于一般。自从刘焉、刘璋父子守蜀以来，有累世之恩，文法羁縻，互相奉承，德政不举，威刑不肃。蜀土人士，专权自恣，君臣之道，渐以陵替。现在如果我用在他们心目中已失去价值的官位来拉拢他们，以他们已经熟视无睹的'恩义'来使他们心怀感激，是不会有实际效果的。所以，我只能用严法来使他们知道礼义之恩、加爵之荣，荣恩并济，上下有节，为治之要。"

但是，柔也要有一定的尺度，当你想施恩于对方，打算做出让步之前，首先考虑你的让步在对方眼里有无价值。别人并不看重的东西，没必要送给他。若开始你就做出许多微小的让步的话，对方不仅不会领情，反而加强对你的攻势，因为他知道你做出这些小的让步有企图，而且他们并不看重这些让步。

子路向孔子请教什么是刚强，孔子说："你问的是南方人的刚强、北方人的刚强，还是你这样的刚强呢？用宽厚温和的态度教育别人，不报复别人的蛮横无理，这是南方人的刚强，君子属于这一类。顶盔贯甲，枕着戈戟睡觉，在战场上拼杀至死而不悔，这是北方人的刚强，强悍的人属于这一类。所以，君子温和而不随波逐流，这才是刚强啊！君子中立而不偏不倚，这才是刚强啊！国家太平，政治清明时，君子不改变贫困时的操守，这才是刚强啊！国家混乱、政治黑暗时，君子一直到死不改变操守，这才是刚强啊！"

记得给别人留面子

人人都爱面子，你给他面子就是给他一份厚礼。有朝一日你求他办事，他自然要"给回面子"，即使他感到为难或感到不是很愿意。这便是操作人情账户的全部精义所在。

有一次，卓别林准备扮演古代一位徒步旅行者。正当他要上场时，一位实习生提醒他说："老师，您的草鞋带子松了。"

卓别林回了一声："谢谢你呀。"然后立刻蹲下，系紧了鞋带。

当他走到别人看不到的舞台入口时，却又蹲下，把刚才系紧的带子松开了。显然，他的目的是，以草鞋的带子都已松垮，试图表达一个长途旅行者的疲劳状态。演戏能细腻到这样，确实说明卓别林具有许多影视明星所不具有的素质。

当他解松鞋带时，正巧一位记者到后台采访，亲眼看见了这一幕。戏演完后，记者问卓别林："您该当场教那位弟子，他还不懂演戏的技巧。"

卓别林答道："别人的好意必须坦率接受，要教导别人演戏的技能，机会多的是。在今天的场合，最要紧的是要以感谢的心去接受别人的好意，并给以回报。"

美国作家戴尔·卡耐基在他的《人性的弱点》一书中，讲述了他批评其秘书的技巧："数年前，我的侄女约瑟芬，离开她在堪萨城的家到纽约来充任我的秘书。她当时19岁，三年前中学毕业，她的办事经验一年比一年多，现在她已经成了一位完全合格的秘书。当我要使约瑟芬注意一个错误的时候，我常说：'你做错了一件事，但天知道这事并不比我所做的许多错误还坏。你不是生来就具有判断能力的，那是由经验而为；你比我在你的岁数时好多了。我自己曾经犯过许多愚鲁不智的错误。'

这样，既指出了她的错误，又能不伤她的面子，以后她会更认真细心工作。

卡耐基说："一句或两句体谅的话，对他人的态度做宽大的理解，这些都可以减少对他人的伤害，保住他人的面子。"

下面是会计师马歇尔·格兰格写给卡耐基的一封信的部分内容：

"开除员工并不是很有趣，被开除更是没趣。我们的工作是有季节性的，因此，在三月份，我们必须让许多人走。

"没有人乐于动斧头，这已成了我们这一行业的格言。因此，我们演变成一种习俗，尽可能快地把这件事处理掉，通常是这样说的：'请坐，史密斯先生，这一季已经过去了，我们似乎再也没有更多的工作交给你处理。当然，毕竟你也明白，你只是受雇在最忙的季节里帮忙而已。'

"这些话给他们带来失望以及'被遗弃'的感觉。他们之中大多数一生皆从事会计工作，对于这么快就抛弃他们的公司，当然不会怀有特别的爱心。

"我最近决定以稍微圆滑和体谅的方式来遣散我们公司的多余人员。因此，我在仔细考虑他们每人在冬天里的工作表现之后，一一把他们叫进来，而我就说出下列的话：'史密斯先生，你的工作表现很好（如果他真是如此）。那次我们派你到纽华克去，那真是一项很艰苦的任务。你遭遇了一些困难，但处理得很妥当，我们希望你知道，公司很以你为荣。你对这一行业懂得很多，不管你到哪里工作，都会有很光明远大的前途。公司对你有信心，支持你，我们希望你不要忘记！'

结果呢？他们走后，对于自己的被解雇感觉好多了。"

有一位女士在一家公司任市场调研员，她接下的第一份差事是为一项新产品做市场调查。她说道："当结果出来的时候，我几乎瘫倒在地，由于计划工作的一系列错误，整个事情失败，必须从头再来。更不好对付的是，报告会议马上就要开始，我已经没有时间了。"

"当他们要求我拿出报告时，我吓得不能控制自己。为了不惹大家嘲笑，我尽量克制自己，因为太过紧张了。我简短地说明了一下，并表示我需要时间重新来做，我会在下次会议时提交。然后，我等待老板大发脾气。

"结果出人意料，他先感谢我工作踏实，并表示计划出现一些错误在所难免。他相信新的调查一定准确无误，会对公司产生很大帮助。他在众人面前肯定我，让我保全了颜面，并说我缺少的是经验，不是工作能力。

"那天，我挺直胸膛离开了会场，并下定决心不再犯错误。"

身处弱势不气馁

当你处于弱势的时候，不要气馁，凡事都会有转机，只要坚持努力，成功终会属于你。

　　身处弱势而不气馁，仍坚持自己的理想与抱负的人，古往今来大有人在。下面的例子是关于鬼谷子的两个徒弟张仪和苏秦的故事。

　　张仪，魏国贵族后裔，学纵横之术，主要活动应在苏秦之前，是战国时期著名的政治家、外交家和谋略家。

　　战国时，列国林立，诸侯争霸，割据战争频繁。各诸侯国在外交和军事上，纷纷采取"合纵连横"的策略。或"合纵"，"合众弱

◇ 在逆境中寻找策略

> 人生不可能是一帆风顺的，在处于弱势的时候要处变不惊、波澜不兴，或蛰伏或争取，努力充实完善自己，成功则会指日可待。

> 不瞒您说，我昨晚一夜没睡，可我又不得不坦诚地告诉您，我实在找不到殷实的厂商为我担保，十分抱歉。

> 不必担心，我替你找好了一个担保人，就是你自己。你的真诚扭转了你的逆境。

> 常言道，失败是成功之母。失败是登上成功顶峰的阶梯，人非生而知之，只有在经历失败之后才会发现不足，才能获得提高。

以攻一强"，防止强国的兼并；或"连横"，"事一强以攻众弱"，达到兼并土地的目的。张仪正是作为杰出的纵横家出现在战国的政治舞台上，对列国兼并战争形势的变化产生了较大的影响。秦惠文王九年（前329），张仪由赵国西入秦国，凭借出众的才智被秦惠文王任为客卿，筹划谋略攻伐之事。次年，秦国仿效三晋的官僚机构开始设置相位，称相邦或相国，张仪出任此职。他是秦国置相后的第一任相国，位居百官之首，参与军政要务及外交活动。从此开始了他的政治、外交和军事生涯。

秦惠文王更元二年（前323），秦国为了对抗魏惠王的合纵政策，进而达到兼并魏国国土的目的，张仪运用连横策略，与齐、楚大臣会于啮桑（今江苏沛县西南）以消除秦国东进的忧虑。张仪从啮桑回到秦国，被免去相位。三年，魏国由于惠施联齐、楚没有结果，不得不改用张仪为相，企图连秦、韩而攻齐楚。其实张仪的最终目的是想让魏国做依附秦国的带头羊。由于连横威胁各国，秦惠文王更元六年（前319）魏国人公孙衍受齐、楚、韩、赵、燕等国的支持，出任魏相，张仪被驱逐回秦。秦惠文王更元八年（前317），张仪再次任秦相国。九年，秦惠王接受司马错的建议，遣张仪、司马错等人率兵伐蜀，取得胜利，旋即又灭巴、苴两国。这样秦国占据了富饶的天府之国，有了巩固的大后方，为秦国的经济发展和军事战争，提供了有利条件。秦惠文王更元十二年（前313），秦惠王想攻伐齐国，但忧虑齐、楚结成联盟，便派张仪入楚游说楚怀王。张仪利诱楚怀王说："楚诚能绝齐，秦愿献商、於之地六百里。"楚怀王听信此言，与齐断绝关系，并派人入秦受地，张仪对楚使说："仪与王约六里，不闻六百里。"楚国的使臣返回楚国，把张仪的话告诉了楚怀王，楚怀王一怒之下，兴兵攻打秦国。秦惠文王更元十三年（前312），秦兵大败楚军于丹阳（今豫西丹水之北），虏楚将屈丐等70多人，攻占了楚的汉中，取地600里，置汉中郡（今陕西汉中东）。这样秦国的巴蜀与汉中连成一片，既排除了楚国对秦国本土的威胁，也使秦国的疆土更加扩大，国力更加强盛。《史记·张仪列传》中说："三晋多权变之士，夫言纵横强秦者大抵皆三晋之人也。"无疑张仪是其中最杰出的一个。

鬼谷子的另一个徒弟苏秦，字季子，他出身农民，少有大志，曾随鬼谷子学游说术多年。后辞别老师，下山求取功名。苏秦先回到洛阳家中，变卖家产，然后周游列国，向各国国君阐述自己的政治主张，希望能施展自己的政治抱负。但无一个国君欣赏他，苏秦只好垂头丧气，穿着旧衣破鞋回到洛阳。洛阳的家人见他如此落魄，都不给他好脸色，连苏秦央求嫂子做顿饭嫂子都不给做，还狠狠地训斥了他一顿。苏秦从此振作精神，苦心攻读。他把头发束住吊在房梁上，用锥子刺自己的腿，"头悬梁，锥刺股"便由此而来。一年后，苏秦掌握了当时的政治形势，开始二次周游列国。这回终于说服了当时的齐、楚、燕、韩、赵、魏六国合纵抗秦，并被封为"纵约长"，做了六国的丞相。当此时的苏秦衣锦还乡后，他的亲人一改往日的态度，都"四拜自跪而谢"。

人生不可能是一帆风顺的，在处于弱势的时候要处变不惊、波澜不兴，或蛰伏或争取，努力充实完善自己，成功则会指日可待。

◇ 日常生活中的中庸之道

中国人做事讲中庸之道，不偏不倚，不左不右。折中调和，不走极端。日常生活里实践中庸之道有四点意见：

办事不要走极端

在待人处世中，万不可把事情做绝，要时时处处为自己留下可回旋的余地，俗话说："过头饭不吃，过头话不说。"就是这个道理，凡事要留有余地。

武则天垂拱二年（686），狄仁杰出任宁州（今甘肃宁县、正宁一带）刺史。当时，宁州为各民族杂居之地，狄仁杰注意妥善处理少数民族与汉族的关系，"抚和戎夏，内外相安，人得安心"，郡人为他歌功颂德。是年御史郭翰巡察陇右，宁州歌狄刺史者盈路，郭翰返朝后上表举荐，狄仁杰升为冬官（工部）侍郎，充江南巡抚使。

狄仁杰针对当时吴、楚多淫祠的弊俗，奏请焚毁祠庙1700余所，唯留夏禹、吴太伯、季札、伍员四祠，减轻了江南人民的负担。垂拱四年（688），博州刺史琅琊王李冲起兵反对武则天当政，豫州刺史越王李贞起兵响应，武则天平定了这次宗室叛乱后，派狄仁杰出任豫州刺史。当时，受越王株连的有六七百人在监，籍没者多达5000人。狄仁杰深知大多数黎民百姓都是被迫在越王军中服役的，因此，上疏武则天说："此辈咸非本心，伏望哀其诖误。"武则天听从了他的建议，特赦了这批死囚，改杀为流放，安抚了百姓，稳定了豫州的局势。其时，平定越王李贞的是宰相张光迅，将士恃功，大肆勒索。狄仁杰没有答应，反而怒斥张光迅杀戮降卒以邀战功。他说："乱河南者，一越王贞耳。今一贞死而万贞

生。""明公董戎三十万，平一乱臣，不戢兵锋，纵兵暴横，无罪之
人，肝脑涂地。""但恐冤声沸腾，上彻于天。如得上方斩马剑加于
君颈，虽死如归。"

狄仁杰义正词严，张光迅无言可对，但怀恨在心，还朝后奏狄
仁杰出言不逊。狄仁杰被贬为复州（今湖北沔阳西南）刺史，入为
洛州司马。

但是，狄仁杰的才干与名望，已经逐渐得到武则天的赞赏和
信任。天授二年（691）九月，狄仁杰被任命为地官（户部）侍郎、
同凤阁（中书省）鸾台（门下省）平章事，开始了他短暂的第一次
宰相生涯。身居要职，狄仁杰谨慎自持，从严律己。一日，武则天
对他说："卿在汝南，甚有善政，卿欲知谮卿者乎？"狄仁杰谢曰：
"陛下以臣为过，臣当改之；陛下明臣无过，臣之幸也。臣不知谮
者，并为善友。臣请不知。"

张光迅因为遇到的是狄仁杰，所以幸免于难，在我们赞赏狄仁
杰的坦荡豁达的时候，还要吸取张光迅的教训，世事难料，所以不
要走极端，要给自己留有余地。

第三章

脚踏实地，平淡为人

低调是外"抑"内"扬"的处世哲学

在流行唱高调的今天，低调的功能常常被人所忽视。其实低调经常是制胜的法宝，低调是一种外"抑"内"扬"的策略，低调的姿态常常能够战胜高调，取得出奇制胜的效果！

美国《时代周刊》刊登了 2005 年度"全球最具影响力的 100人"名单，华为技术有限公司总裁任正非先生成为中国内地唯一入选的企业家，和微软董事长比尔·盖茨、苹果电脑 CEO 史蒂夫·乔布斯等跨国企业大腕比肩。

《时代周刊》评价说，现年 61 岁的任正非显示出惊人的企业家才能。他在 1988 年创办了华为公司，这家公司已重复当年思科、爱立信等声名卓著的全球化大公司的发展历程，如今这些电信巨头已把华为视为"最危险"的竞争对手。

不过，这个极富传奇色彩的电信巨头以及他所统领的华为公司，却并不致力于"抛头露面"，其行事作风倒是出奇地低调。

任正非的"低调"是出了名的，出国访问从不接受媒体采访，从不在公共场合抛头露面，从不参加各种无关紧要的集会、宴会。这与他的很多同行形成强烈的反差——很多人都是唯恐被媒体和大众冷落，他却是唯恐被媒体"曝光"。

在回答为什么不接受采访时，任正非的坦率让人吃惊："我们

◇ 低调是一种积极主动的进取态度

> 著名哲学家尼采曾说过："一棵树要长得更高、更壮，接受更多的光明，那么它的根就必须更深入黑暗。"

如果能把自己的位置放得低一些，脚踏实地，站稳脚跟，然后一步步登攀，到达顶峰才更有把握。

> 生活的智者们不会在形势不利于自己的时候去硬拼硬打，那样只可能是以卵击石、自寻死路或两败俱伤。在这种时候，他们会适时低身，"以低就高"，以求打破僵局，为自己积蓄力量，赢得机会。

有什么值得见媒体？我们天天与客户直接沟通，客户可以多批评我们，他们说了，我们改进就好了。对媒体来说，我们不能永远都好呀！不能在有点好的时候就吹牛。我不是不见人，我是从来都见客户的，最小的客户我都见。"

任正非在一次讲话中谈道：希望全体员工都要低调，因为我们不是上市公司，所以我们不需要公示社会。我们主要是对政府负责任，对企业的有效运行负责任。对政府的责任就是遵纪守法，我们上一年向国家上缴利税 27 亿元，以后可能增加到 40 多亿元。我们已经对社会负责了。

1998 年，华为以 80 多亿元的年营业额雄踞当时声名显赫的国产通信设备四巨头之首，势头正猛。而华为的总裁任正非不但没有从此加入明星企业家的行列，反而对各种采访、会议、评选唯恐避之不及，直接有利于华为形象宣传的活动甚至政府的活动也一概拒绝，并给华为高层下了死命令：除非重要客户或合作伙伴约见，其他活动一律免谈，谁来游说，我就撤谁的职！

因此，《南风窗》杂志总编辑秦朔的《"冬天"的震撼——华为给中国企业界的启示》一文中说："华为也许是中国企业界最令人捉摸不透的公司。迄今为止，几乎没有任何传媒能够采访它的最高领导人，能够对它的发展历程进行详细报道。你当然可以进入它的网站，进入'新闻中心'，但当你点击'媒体报道'时，它却毫无反应，一如这家企业面对传媒时的态度。"

上网查询，你会发现华为的公司简介非常朴素，主要内容为介绍其各类产品，完全没有要做出大公司气派的意思。

华为的电信设备经营在国际国内市场纵横捭阖，但是在公开场合，华为从不称自己是"第一"。华为也从不张扬地打广告，如果不是偶尔有新闻说华为在某国中标或做并购交易，人们则无从知道华为为什么可以做得这么好，譬如它怎么做营销，譬如是哪家国际咨询公司为它做哪一方面的服务。从这个角度来说，华为公司是典型的"低调"企业。尽管它如此低调，但获得了巨大的成功，它正是通过低调达到了真正的"高调"！

或许只有考察历史，我们才能更深刻地了解任正非及其所领导的华为，才能真正理解任正非的沉默和低调所承载的意义和价值。在当今社会里，缺少的或许恰恰就是这种低调做人、踏实做事的精神吧。其实，对于一个人或者一个企业的发展来说，荣辱毁誉都只是些虚名、浮华的东西，说到底不过是过眼云烟。名誉固然重要，但切实的利益、长远的发展才是更为重要的。因此，无论是个人还是团体，只有淡化功名、踏踏实实立足现实事业，才能更容易取得胜利、创造奇迹，从而能够笑得更久、笑得更好。

低是高的铺垫，高是低的目标

低调做人绝不意味着卑微，它是一种"以低求高"的强者韬略。生活中能见到一些貌似平淡无奇、"胸无大志"的人，最后却能够"一鸣惊人"，做出出人意料的成绩。这些人，在人生路上选择了低调，他们不张扬、不卖弄，然而志存高远、坚韧不拔，凭借着不懈的努力，最终迈入了人生的高标境界。

　　罗明是湖北一所大学的英语教师，在市场经济浪潮的推动下，他也决定开创一番属于自己的事业。于是他离开了自己得心应手的教育界，到了北京的一家俱乐部工作。北京的俱乐部大多数为会员制，要想有所发展，必须大力发展会员。而在俱乐部里，衡量一个人的工作业绩，主要是看他发展了多少会员，以及售出了多少张会员卡。他的上司告诉他，你现在唯一需要做的就是一件事：售卡。

　　那段时间里，罗明对一切都感到生疏，初来乍到的他也没有什么可以利用的关系。可想而知，他的处境该有多么窘迫！他决定采取一个初入道者都采用过的笨办法：扫楼。"扫楼"是业内人士的术语，即大大小小的公司都聚集在写字楼里，你要一家一家地跑、一家一家地问。那种情形就跟扫楼差不多。当然，你必须找经理以上的高级管理人员，最好是总裁，因为普通的白领是难以接受价格不菲的会员卡的。

　　罗明的生活从此开始发生了 180 度的大转弯。他由一名荣耀至极的大学教师，一下子"跌落"成了一个"厚脸皮"的推销员。那是一种什么样的感觉？他心理上的落差可想而知。

　　有一个朋友问过罗明关于"扫楼"的事情。那个朋友阴阳怪气地问他："'扫楼'是不是很威风，一层一层，挨门逐户，就像鬼子进村扫荡一样的？"罗明听完这番话，内心真是酸甜苦辣什么滋味都有。往事不堪回首，他至今还清楚地记得"扫楼"之初的那种狼狈和艰辛。他曾经精确地统计过，他"扫楼"的最高纪录是一天内跑了 10 栋写字楼，"扫"了 72 家公司。

那天，他浑身的感觉就像散了架一样，腿和脚都不是自己的了，别说走路，再想挪动一下都困难。那天晚上，他乘电梯从楼上下来，在电梯间里，他感到自己的胃正一阵阵痉挛、抽搐，当时他唯一的想法就是找个清静的地方大吐一场。除了累，还要忍受人们的白眼和奚落，这对于从小到大都一直备受尊重的他来说，该是怎

◇ 放低心态才能走稳脚下的路

生活中总是存在这样那样的规则，不会因为我们没有察觉就消失，更不会因为我们的无知就轻易地宽恕我们。

145

样一种伤害啊！

如果推销会员卡只用"扫楼"这一种方式，那么很少有人能够坚持下去，也很少有人能够成功。"扫楼"只是步入这个行业的初始阶段，秘诀还是有的。大约半年后，罗明开始出现在俱乐部召开的各种招待酒会上。出席这类酒会的人都是些事业有成、志得意满的成功人士。置身于这样的环境中，罗明发现那些如同铁板一样的面孔不见了，那些刺痛人心的冷言冷语不见了，代之出现的是真正意义上的彬彬有礼。他感到一下子就放开了自己。他本来就该属于这里——他的涵养，他的才学，即使他曾经历过一段坎坷卑微的"奋斗史"，又怎能磨灭他所固有的价值与尊贵呢？他知道他们需要什么，知道他们需要听从什么样的劝告。这是很重要的，因此他一下子就能拉近与他们之间的距离。他的语言、他的讲解也不再是那样干巴巴的，而是仿佛带有一种难以抗拒的鼓动力。他告诉他们，俱乐部将会给他们最为优质的服务，而购买价格昂贵的会员卡，那就是一种地位、身份和财富的象征。在一次专为外国人举办的酒会上，他和老外们打成一片，业绩步步高升。后来，他从销售员、销售经理、销售总监一直坐到了俱乐部副总裁的位置上。

"低是高的铺垫，高是低的目标"，你只要去研究那些已经处在事业金字塔上的人的经历，就会发现：他们并不是一开始就"高人一等"、风光十足的，他们也曾有过艰难曲折的"爬行"经历，然而他们能够端正心态，不妄自菲薄，不怨天尤人。他们能够忍受"低微卑贱"的经历，并在低微中养精蓄锐、奋发图强，尔后他们才攀上人生的巅峰，享受世人的尊崇。

放低自己，抬高别人

周星驰的票房之所以高，不是因为他善于演喜剧片，而是因为他是一个"心理学专家"，他懂得真正的成功道理是——把别人垫高了，把自己放低，让别人有了"安全感"；让别人有了"快乐"；让别人有了"自信"；让别人有了"希望"，这样别人才会喜欢自己，自己才能顺顺利利取得成功。

陈安之在《看电影学成功》中是这么说的："一般人是如何获得自信的？是通过比较：你比较好，所以我就没有自信；我比较好，就变成你没自信。而每一个人都希望得到认同、得到自信。所以，周星驰演的角色，10部片子有9部都是演一个常被嘲笑常被欺辱的人，演一个最被人看不起的人，能让所有人都觉得：'我一定会赢过你'的人，结果影片最后，周星驰一定会一反弱态，战胜强敌，扬眉吐气！"

结交朋友，发展关系，不光要抬高别人，还要放低自己。福特公司的创始人福特就是一个很会放低自己的人：1923年，美国福特公司有一台大型发电机不能正常运转，公司里的几位工程技术人员百般努力都无济于事。福特焦急万分，只好请来德国籍科学家斯特罗斯。

斯特罗斯来到福特公司后，爬上爬下地在电机的各个地方倾听空转的声音，然后用粉笔在电机的左边一个长条地方画了两道线。

"毛病出在这儿。"科学家对福特说，"多了16圈线圈，拆掉多余的线圈就行了。"技术人员照此一试，电机果真奇迹般运转了。

大家对斯特罗斯表示非常的感谢。

"不用谢了，给我1万美元就行了！"斯特罗斯说。

"天哪！画条线就要1万美元？"技术人员大吃一惊。

"是的！"斯特罗斯傲慢地说，"粉笔画一条线不值1美元，但知道该在哪里画线的技术超过9999美元！"

看着傲慢的科学家，福特不仅愉快地付了1万美元酬金，并且表示愿用高薪聘请他。谁料，科学家毫不心动，他说现在的公司对他有恩，他不可能见利忘义去背叛公司。

福特一听，干脆花巨资把斯特罗斯所在的公司整个买了下来。以福特的地位和财势，竟敢于"丢下面子"忍受斯特罗斯的傲慢和冷嘲热讽，这是因为福特清楚成大事者必须以人为本，而斯特罗斯就是他取得更多财富的无价之"宝藏"。为了留下这座"宝藏"，福特竟然花巨资买下了他所属的公司。看来，要想求人必须厚起脸皮、放下身段。

深藏不露可避免无益争斗

低调策略不是纯粹的为人处世手段，它具有普遍的制胜意义。无论在商业上、军事上，还是政治上，采取低调策略往往都能收到意想不到的理想效果。"卡西欧"和"精工"是日本电子信息产业的两家死对头。

精工以生产瑞士风格的手表著称，它曾在很短的时间内使其经营业绩超越了卡西欧。当年，卡西欧已是风靡全日本的名牌。在手表行业，排名的前与后将造成产品档次和营销量很大的差别。在精工超越卡西欧的时候，后者岂有坐以待毙之理？于是，卡西欧痛定思痛，决定封锁消息，韬晦图强。在表面上，卡西欧公司装出很低调、一副甘拜下风的样子，并在适当的时候放出消息，说由于竞争的激烈，公司准备改行。但实际上，他们却把眼光盯住了以石英晶体为振荡器的显示技术新领域，并告诫全体员工不得对外透露。

经过多次的秘密试验，卡西欧终于开发出了精确度更高，而造价却比原来同档次手表成本低的石英电子表。而后，卡西欧又趁热打铁地开发了一系列电子新产品，除了电子表，还有收录机、电子钟、文字处理机、计时器和电视机等。在产品投放市场的时候，卡西欧才突然进行大肆宣传，让精工措手不及，想再迎头赶上已是望尘莫及。后来，卡西欧又用同样的方法研制生产出以液晶电视机为主的系列新产品，成了本行业的排头兵。

卡西欧知道，如果让精工公司事先知道自己要研制这些产品，他们将有所准备，要么会尽快研制出同类产品，要么会研制敌对产品。那样将造成两败俱伤的局面，至少让自己的市场份额减少一半。

现代竞争必须有深谋远虑的策略，有时要虚张声势、大张旗鼓；有时却要偃旗息鼓、卧薪尝胆，等待时机、一鼓作气。所谓韬光养晦、养精蓄锐、出奇制胜，说的就是这个道理。

　　萨达特是 1952 年埃及"七·二三"革命的组织者和发起者之一。革命成功后，他不图大权，恬淡自若，对于大权在握的纳赛尔的命令，也总是唯唯诺诺。纳赛尔为此称萨达特为"毕克巴希萨萨"，即"是，是，上校"，甚至不满意地讲："只要萨达特不老说'是'，而用别的话来表示他的赞成意见，我就会觉得舒服些。"

　　在日常工作中，萨达特不露声色，表现得平平常常。对于内政问题和外交大事，他从不拿出主见，自己的公开态度偶尔稍有出格，他就会立刻纠正，与纳赛尔的信念保持一致。

　　1967 年第 3 次中东战争后，纳赛尔考虑隐退，将扎克里亚·毛希西提名为继任者。但三年之后，经再三权衡，考虑到顺从性强及危险性小等理由，纳赛尔出人意料地选了萨达特为继任者。出于对萨达特易于控制和为人温和的考虑，埃及军方也支持萨达特。

　　1970 年 9 月纳赛尔去世后，埃及开始了一场激烈的权力之争。争夺者们既有潜在势力，又有大权在握者，他们互不相让。但后来由于政治妥协，平日不起眼的萨达特倒被捧上了总统宝座。但是他们没有想到，这位看来不起眼的萨达特，继任总统后，竟一反平日之态，大刀阔斧，雷厉风行，迅速掌握了政府权力。萨达特就是这样隐藏锋芒、故意显示出弱小，最终出人意料地获得实权，实现了自己的政治野心。

　　有人喜欢在办公室里大谈人生理想，这显然很滑稽——打工就安心打工，雄心壮志回去和家人、朋友说。在公司里，要是你没事整天念叨"我要当老板，自己置办产业"，很容易被老板当成敌人，或被同事看作异己。如果你说"在公司我的水平至少够副总"或者

"35 岁时我必须干到部门经理"，那你很容易把自己放在同事的对立面上。

因为野心人人都有，但是位子有限。你公开自己的进取心，就等于公开向公司里的同僚挑战。僧多粥少，树大招风，何苦被人处处提防、被同事或上司看成威胁呢？做人要低姿态一点，这是自我保护的好方法。

你的价值体现在做多少事上，在该表现时表现，不该表现时就算韬晦一点也没什么不好。能人能在做大事上，而不是能在大话上。

秉持尽职尽责的精神

西方有一句谚语："要怎么收获，先怎么播种。"在我们的日常工作和生活中，如果我们养成了尽职尽责的好习惯，那就等于为将来的成功埋下了一粒饱满的种子，一有机会，这颗种子就会在我们的人生土壤中破土而出、苗壮成长，最终成长为一棵参天大树。

松下幸之助说过："责任心是一个人成功的关键。一个人独自承担自己行为的责任，独自承担这些行为的哪怕是最沉重的后果，正是这种素质构成了伟大人格的关键。"

事实上，当一个人养成了尽职尽责的习惯之后，无论从事任何工作他都会从中发现工作的乐趣。在这种责任心的驱使下，我们的工作能力和工作效率就会得到大幅度提高。当我们把这些运用到实践当中时，我们就会发现成功已然掌握在自己的手中。

格林大学毕业之后在一家保险公司做业务代表。这是一份很让人头痛的工作，因为很多人都对保险业务员敬而远之。所以，格林的工作开展起来很困难。

办公室的其他业务员整天对自己的这份工作抱怨不停："如果我能找到更好的工作，我肯定不会在这里待下去。""那些投保的人太可恶了，整天觉得自己上当了。"当然，这些人只能拿到最基本的薪水，只有在业务部经理催促下，或者是"胡萝卜加大棒"的政策下，他们才会有一点点前进，否则就是原地踏步或者在退步。

唯有格林和他们不一样。尽管格林对现状也不是很满意，薪水不高，地位也不高，但他没有放弃。因为他知道，与其说是放弃工作，不如说是在放弃自己。在这个世界上，没人强迫你放弃自己，除非你主动为之。格林还相信，努力是没有错误的，努力会让平凡单调的生活富有乐趣。

于是，格林主动去寻找客户源。他熟记公司的各项业务情况以及同类公司的业务，经过对比自己公司和其他同类公司的不同，他让客户自己去选择。虽然一些人很希望多了解一些保险方面的常识，但是他们对保险业务员的反感使他们在这方面的知识很欠缺。格林知道这些情况之后，主动在社区里办起"保险小常识"讲座，免费讲解。

于是，人们对保险有了更多的了解，也对格林有了好印象。这时，格林再向这些人推销保险业务，大家没有反感了，反而都乐于接受。格林的工作业绩突飞猛进，当然薪水也有了很大的提高。

格林的成功说明了这样一个道理：努力工作就是对自己负责。

　　这也是格林为什么获得成功，而其他人依然碌碌无为的原因。当你尝试着对自己的工作负责时你就会发现，自己还有很多的潜能没有发挥出来。你还会在平凡单调的工作中发现很多的乐趣，最重要的是你的自信心也会得到提升，因为你能做得更好。

　　当你尝试着对自己的工作负责的时候，你的生活会因此改变很多，你的工作也会因此而改变。但其实，改变的不是生活和工作，而是你看待生活与工作的态度。正是你的工作态度把你和其他人区别开来。这样一种敬业、主动、负责的工作态度和精神让你的思想更开阔、工作更崇高。

　　尝试着对自己的工作负责，这是一种工作态度的改变。这种改变会让你重新发现生活的乐趣、工作的美妙。

第四章

智者的生存之道

掌握实现目标的主动权

是否那些不能实现人生主要目标的人，真的就成为无处容身甚至无法求生的丧家之犬了呢？就算是丧家之犬，他们能否摆脱困境，重新规划自己的人生？究竟应该如何做出选择，在保存自我和与恶人斗争的两个目标中如何顺利达成平衡？海瑞的经历就是一个最为形象的写照。

海瑞当知县的时期，正是嘉靖的宠臣严嵩当权时期，严嵩权倾天下，孝子贤孙满地都是。海瑞的顶头上司浙江总督胡宗宪，是严嵩的同党，仗着他有后台，到处敲诈勒索，谁敢不顺他心，就让谁倒霉。

有一次，胡宗宪的儿子带了一大批随从经过淳安，住在县里的官驿里。在淳安县，海瑞立下一条规矩，不管达官贵胄，一律按普通客人招待。胡公子平时养尊处优惯了，看到驿吏送上来的饭菜，认为是有意怠慢他，气得掀翻了桌子，喝令随从把驿吏捆绑起来，倒吊在梁上。驿里的差役赶快报告海瑞。海瑞知道胡公子招摇过市，本来已经感到厌烦，现在竟听得吊打起驿吏来，就觉得非管不可了。

海瑞听完差役的报告，装作镇静地说："总督是个清廉的大臣。他早有吩咐过，要各县招待过往官吏，不得铺张浪费。现在来的那个花花公子，排场阔绰，态度骄横，不会是胡大人的公子。一定是其他地方的坏人冒充公子，到本县来招摇撞骗的。"

说着，他立刻带了一大批差役赶到驿馆，把胡宗宪的儿子和他的随从统统抓了起来，带回县衙审讯。一开始，那个胡公子仗着父亲的官势，暴跳如雷，但海瑞一口咬定他是假冒公子，还说要把他重办，他才泄了气。海瑞又从他的行装里搜出几千两银子，统统没收充公，还把他狠狠地教训一顿，撵出县境。等胡公子回到杭州向他父亲哭诉的时候，海瑞的报告也已经送到巡抚衙门，说有人冒充公子，非法吊打驿吏。胡宗宪明知道他儿子吃了大亏，但是海瑞信里没牵连到他，如果把这件事声张出去，反而失了自己的体面，就只好打落门牙往肚子里咽了。

在这件审讯上司"假公子"的事件中，海瑞掌握了主动权，由于"胡公子"把事情闹得太大，已经伤了知县老爷的面子，到了非处理不可的地步。

因此，在海瑞是处理还是睁只眼闭只眼的选择中，海知县只能处理。好在他机智地把握了一个前提，就是一口咬定，上司是好人，所谓"龙生龙，凤生凤，老鼠的儿子会打洞"，此人招摇撞骗，绝非上司的公子。这实际上也是设计了一个两难选择让上司往火坑里跳：承认他是自己的儿子，损伤自己的威严；不承认他是自己的儿子，伤害了儿子的利益。

好在这位胡总督是一位丢车保帅的高手，两相权衡，反正海瑞已经该打的打了，该没收的没收了，儿子的利益已经受到损害，也就假戏真做，把真公子当假少爷给处理了。可以说，海青天把握了官场上文人"豹死留皮，人死留名"的心理，在与上司的这场博弈中，选择了点到为止，找到了双方都能接受的均衡点，因此取得了斗争的胜利。

人的精神决定一切，天下治乱，只在皇帝一念之间。只要皇帝振作起来，按圣人之言去处理每一件事，那么天下很快就会变成传说中的大同盛世，百姓很快就会安居乐业，皇帝也自然成为尧舜那样的伟大帝王。而事实证明，不论任何社会，如果把希望寄托在一两个明君或一两个清官身上，这个社会是不正常的。在这种社会做清官肯定是失败的，因为他的博弈对象是体制，是他从根本上无法改变的博弈规则，所以他成了输家。

海瑞最后提出的重典治吏，这无异于将自己放在与全体同僚博弈的对立面。表面上看，同僚为之侧目，连皇帝也让他三分，对他无可奈何；但事实上，所谓"过犹不及"，他正直得过头了，反而树立了太多的敌人。

他被同僚群起而攻之，大部分时间他都处于无事可做的地步。皇帝把他当作一面旗帜，当作一块遮盖吏治腐败、国事无法收拾的遮羞布。他的政治理想在那个体制不健全的社会只能寄希望于皇帝，正如他在给嘉靖上书的最后一段话所言：“天下的治与不治，只在于圣人之道德有没有得到贯彻。”

“囚徒困境”的故事

在博弈论的所有案例和模型中，“囚徒困境”无疑是最著名的，甚至可以说，不谈“囚徒困境”，我们就无法谈博弈论。

但是“囚徒困境”并不是诺伊曼的发明。1950年，数学家塔克在担任斯坦福大学客座教授期间，给一些心理学家做讲演时，用两个囚犯的故事，对当时专家们正研究的一类博弈论问题做了形象化的解释。从此以后，类似的博弈问题便有了一个专门的名称——“囚徒困境”。“囚徒困境”在经济学、伦理学、社会学、政治学、哲学乃至生物学等学科中，获得了极为广泛的应用。

由于应用广泛，“囚徒困境”的版本很多，并不断被完善和严密。现在被普遍使用的“囚徒困境”大致是这样的：

甲、乙两个人一起携枪准备作案，被警察发现抓了起来。警方怀疑，这两个人可能还犯有其他重罪，但没有证据。于是分别进行审讯，为了分化瓦解对方，警方告诉他们，如果主动坦白，可以减轻处罚；顽抗到底，一旦同伙招供，就要受到严惩。当然，如果两人都坦白，那么所谓“主动交代”也就不那么值钱了，在这种情况下，两人还是要受到严惩，只不过比一人顽抗到底要轻一些。在这种情形下，两个囚犯都可以做出自己的选择：或者供出他的同伙，即与警察合作，从而背叛他的同伙；或者保持沉默，也就是与他的同伙合作，而不是与警察合作。这样就会出现以下几种情况（为了更清楚地说明问题，我们给每种情况设定具体刑期）：如果两人都不坦白，警察会以非法携带枪支罪而将二人各判刑 1 年；如果其中一人招供而另一人不招，坦白者作为证人将不会被起诉，另一人将会被重判 15 年；如果两人都招供，则两人都会因罪名各判 10 年。

那么，这两个囚犯该怎么办呢？是选择互相合作还是互相背

◇ 职场上的"囚徒困境"

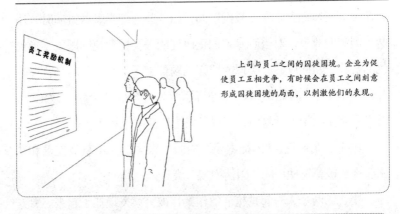

上司与员工之间的囚徒困境。企业为促使员工互相竞争，有时候会在员工之间刻意形成囚徒困境的局面，以刺激他们的表现。

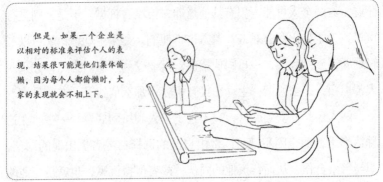

但是，如果一个企业是以相对的标准来评估个人的表现，结果很可能是他们集体偷懒，因为每个人都偷懒时，大家的表现就会不相上下。

叛？从表面上看，他们应该互相合作，保持沉默，因为这样他们俩都能得到最好的结果：自由。但他们不得不仔细考虑对方可能采取什么选择。A犯不是个傻子，他马上意识到，他根本无法相信他的同伙不会向警方提供对他不利的证据，然后带着一笔丰厚的奖赏出狱而去，让他独自坐牢。这种想法的诱惑力实在太大了。但他也意识到，他的同伙也不是傻子，也会这样来设想他。所以A犯的结论是，唯一理性的选择就是背叛同伙，把一切都告诉警方，因为如果他的同伙笨得只会保持沉默，那么他就会是那个带着奖赏出狱的幸运者了。而如果他的同伙也根据这个逻辑向警方交代了，那么，A犯反正也得服刑，起码他不必在这之上再被罚款。所以其结果就是，这两个囚犯按照不顾一切的逻辑得到了最糟糕的报应：坐牢。

为什么聪明的囚犯却无法得到最好的结果？两个人都招供，对两个人而言并不是集体最优的选择。无论对哪个人来说，两个人都不招供，要比两个人都招供好得多。

"囚徒困境"这个问题为我们探讨合作是怎样形成的，提供了极为形象的解说方式，产生不良结局的原因是因为囚犯两人都基于自私的角度开始考虑，这最终导致合作没有产生。"囚徒困境"确实揭示了自私对合作的破坏作用，但是正如"有一利必有一弊"这句话，"囚徒困境"给我们带来的也并不全是坏消息。

当然，在现实世界里，信任与合作很少达到如此两难的境地。谈判、人际关系、强制性的合同和其他许多因素左右了当事人的决定。但囚徒的两难境地确实抓住了不信任和需要相互防范背叛这种真实的一面。

"囚徒困境"是一些非常普遍而有趣的情形的简单抽象化，可以说是理性的人类社会活动最形象的比喻。它准确地抓住了人性的不信任和需要相互防范这种真实的一面。从个体的角度来说，背叛是最好的选择，但双方背叛会导致不甚理想的结果。当你身处类似"囚徒困境"这样的同时行动的博弈中，你的最佳策略是什么？决定胜负的因素又是什么？双方的策略选择往往是有迹可循的，并形成某种定式，即均衡。

赌徒的谬误逻辑

有人说赌博是拿自己的钱往外扔。

既然是必输的游戏，为什么还有很多人乐此不疲呢？

赌徒和偶尔一赌的人不同。每个人在某些时刻都想赢一下——屏住气息，只求命运赐恩这一次！这是普遍的渴望。在各种彩票游戏中，只要有人赢大钱，别人就开始梦想。这是此类赌博的目标，真正的报酬是梦想。几百万分之一的机会，谁也不指望一定要赢。

赌徒又是另一回事，他真正等着赢钱。他投下的不是象征性的小钱，而是能毁掉他的大数目。他有一套制度——在博弈论中，这被称为"赌徒谬误"。在轮盘赌中，最常见的行为模式是所谓"戴伦伯特系统"，它正是以"赌徒谬误"为基础的。

比方说，赌轮盘的时候他押红的，失败的时候再加倍下注。其中的道理是这样的：比如，用1元钱押红，如果输了，就用2元钱继续押红，如果再输，就押4元，这样只要能赢一把，不但可以将损失全部捞回，还可能略有盈余。而我们知道：红有将近一半的可能性胜出，不会总不出现吧。这么一想，似乎也蛮有道理的。

可是这个理论完全错了，根据数学的概率法则，不管前面出现过多少次黑的，每次你押红的，押中的机会仍是将近一半。但是赌徒认为，黑色若连续出现几次，下回红色出现的机会就会增加。即使这不合数理原则，赌徒心中却愈来愈坚信红的该来了——就算这次不来，下回一定会出现，于是下次更加肯定。这使他更相信自己会赢，他知道他会的，虽然事实上机会永远一样：将近一半。

我们可以说，常胜的赌徒就是靠运气而自以为通晓了某些奥妙的人。如果运气一直证明他的预感和先见之明——统计上一定会有几个这么幸运的人——他心里就产生"不会输"的感觉。事实上，他只是运气好，但是他的运气碰巧合乎他自觉幸运的信心，使他很容易相信自己的运气是特殊的神恩，专门赐给天之骄子。他相信自己注定要赢，这种人渴望时常获得"优异"的感觉。他要证明，命运偏爱他。

但是赌徒不只是接受纸牌的预言而已。他也想向命运争取胜利。他的数目不出现，他就越战越勇，加倍下注，一直提高赌金。在他大胆或绝望的尝试中，他有可能一举赎回所有的损失。由这种行为看来，赌徒是一个幻想自己必赢，却表现出坚决失败典型的人。

因为赌徒是不可能赢钱的，不管赌徒的梦想和幻想是多么的逻辑，只是无论何种逻辑都是谬误的。输钱才是永恒的逻辑。

谁说没本难求利

聪明的人能够知道一般人不知道的事物，能够断定常人无法断定的事情，所以用智慧能远避灾祸，成就事业。

楚国攻打韩国雍氏，韩国向西周求兵求粮。周王为此深感忧虑，与大臣苏代共商对策。苏代说："君王何必为这件事烦恼呢？臣不但可以使韩国不向西周求粮，而且可以为君王得到韩国的高都。"

周王听后大为高兴，说："您如果能做到，那么以后寡人的国家都将听从贤卿您的调遣和管理。"

苏代于是前往韩国拜见相国公仲侈，对他说道："难道您不了解楚国的计策吗？楚将昭应当初曾对楚王说：'韩国长年疲于兵祸，因而粮库空虚，毫无力量守住城池。我要乘韩国饥荒，率兵打败韩国的雍氏。不到一个月，我就可以攻下城池。'如今楚国包围雍氏已经五个月了，还不能攻克，这暴露了楚军处境的困窘，楚王已经准备放弃昭应的计策停止进攻了。现在您竟然向西周求兵求粮，这分明是告诉楚国韩国已经精疲力竭。如果昭应知道以后，一定劝说楚王增兵包围雍氏，届时雍氏必然被攻陷。"

见公仲侈不说话，苏代接着说："您为什么不把高都之地送给西周呢？"

公仲侈听后颇为愤怒，很生气地说："我停止向西周征兵征粮，这已经很对得起西周了，为什么还要送给西周高都呢？"

苏代说："假如您能把高都送给西周，那么西周会再次跟韩国修好。秦国知道以后，必然大为震怒，不仅会焚毁西周的符节，还会断绝使臣的来往。西周断了与其他国家的联盟，而单单和韩国好，这样一来，阁下就是在用一个破烂的高都，换取一个完整的西周，阁下为什么不愿意呢？"公仲侈说："好吧。"

公仲侈果断决定不向西周征兵征粮，并把高都送给了西周。楚军当然没能攻下雍氏，只好怏怏离去。

审时度势，洞察事物表面现象背后的本质，才能认清事理，把握事物发展的规律和未来发展的方向，才能具有更强的预见性和判断力。

◇ 与其让对方感激你，不如让他有求于你

让自己变得重要会使你的人生之路更加平坦，也可以令你有更大的发展。

没有您我们实在无法继续研究下去，还烦请您能够到厂里帮助我们。

而实现这一点最好的方法，就是让别人依赖你、需要你。一旦离开了你，他的计划就无法进行，他的生活就难以继续。

你的价值因别人的需要而存在，被人需要胜过被人感激。与其让对方感激你，不如让他有求于你。

让别人需要你胜于感激你

真正聪明的人宁愿让人们需要，而不是让人们感激。这同样是一种智慧，而且是无形的智慧。有礼貌的需求心理比世俗的感谢更有价值，因为有所求，便能铭心不忘，而感谢之辞最终将在时间的流逝中淡漠。

1847 年，俾斯麦成为普鲁士国会议员，在国会中没有一个可信赖的朋友。让人意外的是，他与当时已经没有任何权势的国王腓特烈·威廉四世结盟，这与人们的猜测大相径庭。腓特烈·威廉四世虽然身为国王，但个性软弱，明哲保身，经常对国会里的自由派让步。这种缺乏骨气的人，正是俾斯麦在政治上所不屑的。

俾斯麦的选择的确让人费解，当其他议员攻击国王诸多愚昧的举措时，只有俾斯麦支持他。

1851 年，俾斯麦的付出终于得到了回报：腓特烈·威廉四世任命他为内阁大臣。他并没有满足，仍然不断努力，请求国王增强军队实力，以强硬的态度面对自由派。他鼓励国王以保持自尊来统治国家，同时慢慢恢复王权，使君主专制再度成为普鲁士最强大的力量。国王也完全依照俾斯麦的意愿行事。

1861 年腓特烈逝世，他的弟弟威廉继承王位。然而，新国王很讨厌俾斯麦，并不想让他留在身边。威廉与腓特烈同样遭受到自由派的攻击，他们想吞噬他的权力。年轻的国王感觉无力承担国家的责任，开始考虑退位。这时候，俾斯麦再次出现了，他坚决支持新国王，鼓动他采取坚定而果断的行动对待反对者，采用高压手段将自由派赶尽杀绝。

尽管威廉讨厌俾斯麦，但是他明白自己更需要俾斯麦，因为只有俾斯麦的帮助，才能解决统治的危机。于是，他任命俾斯麦为宰相。虽然两个人在政策上有分歧，但并不影响国王对他的重用。每当俾斯麦威胁要辞去宰相之职时，国王从自身利益考虑，便会让步。俾斯麦聪明地攀上了权力的最高峰，他身为国王的左右手，不仅牢牢地掌握了自己的命运，同时也掌控着国家的权力。

依附强势是愚蠢的行为，因为强势已经很强大了，他们可能根本就不需要你；而与弱势结盟则更为明智，可以让别人需要你而依附于你，让自己成为他们的主宰力量。他们不敢离开你，否则将给自己带来危机，他们的地位就会受到威胁，甚至崩溃。

第五章

戒骄戒躁，走出做人的败局

才高不自诩，艺高不自傲

　　明代大政治家吕坤以他丰富的阅历和对历史人生的深邃观察，在他的《呻吟语》一书中写道："精明也要十分，只需藏在浑厚里作用。古今得祸，精明人十居其九，未有浑厚而得祸者。"翻译成现代汉语，他的意思是说，人们对聪明、精明还是非常需要的，但关键是要在浑厚中悄悄地运用。古往今来得祸的绝大多数都是那些自恃聪明、卖弄聪明的人，是喜欢外露的人。

　　这就是说，聪明是人自身的一笔宝贵财富，这一点是确定无疑的，关键在于你如何运用，如何把握分寸。财富可以使人过得充实、潇洒，也可能毁掉你的一生。事物都有两面性，好的和坏的，有利的和不利的。真正聪明的人不仅仅是脑袋里有智慧、有见地、有主张，更重要的是善于运用自己的聪明智慧，那些能够深藏不露，而在刀刃上或火候已到的时机才适时适度表露的人才是真正聪明的。那种自恃聪明、卖弄聪明或一味耍小聪明的人，其实是愚蠢的，因为那往往是招灾引祸的根源。无论是从政还是经商，无论是做学问还是治家务，谁不明白这个道理，谁就会吃亏、倒霉。

三国时候，祢衡很有文才，在社会上也很有名气。但是，他恃才傲物，除了自己，任何人都不放在眼里。容不得别人，别人自然也容不得他。所以，他"以狂杀身"，最终被黄祖杀了。

祢衡所处的时代，各类人才是很多的，但他目中无人，经常说除了孔融和杨修，"余子碌碌，莫足数也"。即使是对孔融和杨修，他也并不是很尊重他们，常常称他们为"大儿孔文举，小儿杨德祖"。

当时曹操和袁绍这两大势力相互博弈，曹操与袁绍开战之前，想要争取镇守荆州的刘表作为自己的后援，因素知刘表好结纳名流，便决定选一名较有名气的高士前往游说。由于曹操对此事十分重视，所以选何人前往，曾向多人征询意见。起初，有人荐举了既有身份又有名望的孔融，而孔融却又转而推荐了好友祢衡。然而，由于种种原因，曹操并不十分情愿召纳祢衡，因此曹操使人叫来祢衡后，并未起身让座。祢衡遂仰面感叹："天地虽阔，何无一人也！"曹操说："我手下有数十人，皆当世英雄，怎么就没有一个人！"

祢衡说："请讲。"

曹操说："荀彧、荀攸、郭嘉、程昱机深智远，就是汉高祖时候的萧何、陈平也比不了；张辽、许褚、李典、乐进勇猛无敌，就是古代猛将岑彭、马武也赶不上；还有从事吕虔、满宠，先锋于禁、徐晃，又有夏侯惇这样的奇才，曹子孝这样的人间福将，怎么说没人？"

祢衡笑着说："您错了！这些人我都认识，荀彧可以让他去吊丧问疾，荀攸可以让他去看守坟墓，程昱可以让他去关门闭户，郭嘉可以让他读词念赋，张辽可以让他击鼓鸣金，许褚可以让他牧羊放马，乐进可以让他朗读抄书，李典可以让他传送书信，吕虔可以让他磨刀铸剑，满宠可以让他喝酒吃糟，于禁可以让他背土垒墙，徐晃可以让他屠猪杀狗，夏侯惇称为'完体将军'，曹子孝叫作'要钱太守'。其余的都是衣架、饭囊、酒桶、肉袋罢了！"

曹操很生气，说："你有什么能耐？竟敢口出狂言？"

祢衡说："天文地理，无所不通；三教九流，无所不晓。上可以让皇帝成为尧、舜，下可以跟孔子、颜回媲美。我怎能与凡夫俗子相提并论！"

这时，张辽在旁边，拔出剑要杀祢衡，曹操阻止了张辽，悄声对他说："这人名气很大，远近闻名。要是杀了他，天下人必定说我容不得人。他自以为了不起，所以我要他任鼓吏，以便侮辱他。"

第二天中午，曹操在丞相府大厅上邀请了很多客人赴宴，命令祢衡击鼓助兴。

祢衡精于音乐，打了一通"渔阳三挝"，音节响亮，格调深沉，发出金石般的声音，座上的客人都被激动得情绪热烈，流下泪来。曹操的侍从们突然挑剔地叫道："打鼓的为什么不换衣服？"原来，当时的礼节规定打鼓的人必须换上新衣，以示对于宾客的尊敬。谁知祢衡非但不认错，还当众脱下身上的破旧衣服，赤裸裸地站在那里，客人们惊得一齐掩起面孔。祢衡又慢慢地脱下裤子，一直不动声色。曹操看见这个情景，呵斥起来："在朝廷的厅堂上，为什么这样不懂礼仪？"

祢衡严峻地回答说："目中没有君主，才是不懂礼仪。我不过是暴露一下父母给我的身体，以显示我的清白罢了！"

曹操抓着祢衡的话，逼问说："你说你清白，那么谁又是污浊的？"

祢衡直指曹操说："你不识人才，是眼浊；不读诗书，是口浊；不听忠言，是耳浊；不通晓古今的知识，是头脑浊；不能容纳诸侯，是胸襟浊；经常打着篡夺皇位的念头，是心地浊。我是社会上知名的人，你强迫我打鼓，这不过如同当年奸臣阳虎轻视孔子、小人藏仓毁谤孟子一样。你要想成就称王称霸的事，这样侮辱人行吗？"

祢衡这样犀利地当面抨击曹操，使大家都非常吃惊。当时孔融也在座，生怕曹操一气之下会杀害祢衡，便巧妙地为祢衡开脱说："大臣像服劳役的囚徒一样，他的话不足以让英明的王公计较。"曹操听出孔融在帮祢衡讲话，而他也不想在这宾客满座的场合承担残害人才的恶名。

如果他就此将祢衡杀掉，举国尽知曹操不容人，反而成全了祢衡倨傲直言的美誉。于是，他便宽容委以使命，仍叫祢衡出使荆州，说："如果能说得刘表归顺，就封你个公卿之位。"其实曹操明知刘表昏弱无能，祢衡更不会把他看在眼里。他此去，成则有益于己，败则自取其咎。果然，祢衡到荆州后，对刘表也倨傲不恭，语多讥讽。刘表手下人也愤愤然要杀掉他，但刘表也不愿蒙杀人的恶名，于是转手把祢衡推到江夏太守黄祖那里去了。祢衡禀性难改，到了江夏仍是轻慢黄祖。黄祖乃一介武夫，又性情暴躁，根本没那么多疑虑，盛怒之际，挥剑杀了祢衡。

孔子曰：一个人行事太过张扬，唯恐别人不知道自己，这样只会四处树敌，于己不利。"人不知而不愠，不亦君子乎！"可

◇ 不要把人比下去

一个人锋芒太盛了难免灼伤他人。有才却不善于隐匿的人，往往招来更多的嫉恨和磨难。

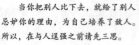

要防止盛极而衰的灾祸，必须牢记"持盈覆满，君子兢兢"的教诫。

当你把别人比下去，就给了别人忌妒你的理由，为自己培养了敌人。所以，在与人逞强之前请先三思。

要想使自己免遭忌妒者的伤害，你需要注意自己的言行，尽量不要刺激对方的忌妒心理。

见人不知我，谁心里都会老大不高兴的，这是人之常情。尤其是年轻人，总是希望最短时间内便让人家知道自己是个不平凡的人，即使不能在全世界、全中国出名，也要在一个地方出名，至少要使一个团体的人都知道自己。要使人知道自己，当然必须引起大家的注意，要引起大家的注意，只有从言语行动方面用力，才容易使自己出人头地，于是言辞锋芒、举止锋芒便被视为是刺激大家注意的最有效方法和重要途径。其实不然，不信，你看看周围阅历丰富的人，他们可能与你相反，"和光同尘"，毫无圭角。言语如此，行动亦然，好像他们都是庸才，谁知他们的才颇在你之上；好像他们都是讷言，谁知他们颇善辩；好像他们都无大志，谁知一个个胸怀雄才大略。他们也不愿久居人之下，却又不肯在言语上露锋芒、在行动上露锋芒，而事实上这样的人反而最先被发现是真人才，最容易受到赏识。为什么？因为这才是真才、大才，这才是真智、大智。

居庙堂之高，常反躬自省

人一旦出头了，发达了，就容易成为众人瞩目的焦点，被人品评，被人臧否，也可能被人算计。因此，越是位居显要处，就越要经常反躬自省，越要讲究低调做人，融入大众之中。唯此，才能做到更有效地保护自己。

曾国藩是在他的母亲病逝居家守丧期间响应咸丰帝的号召，组建湘军的。不能为母亲守三年之丧，这在儒家看来是不孝的。但时势紧迫，他听从了好友郭嵩焘的劝说，"移孝作忠"，出山为清王朝效力。

可是，他锋芒太露，处处遭人忌妒、受人暗算，连咸丰皇帝也不信任他。1857 年 2 月，他的父亲曾麟书病逝，清朝给了他三个月的假，令他假满后回江西带兵作战。曾国藩伸手要权被拒绝，随即上疏试探咸丰帝，说自己回到家乡后念及当今军事形势之严峻，日夜惶恐不安。咸丰皇帝十分明了曾国藩的意图，他见江西军务已有好转，而曾国藩不过是大清帝国一颗棋子，心想他想要实权，休想！于是，咸丰皇帝朱批道："江西军务渐有起色，即楚南亦就肃清，汝可暂守礼庐，仍应候旨。"假戏真做，曾国藩真是欲哭无泪。同时，曾国藩又要承受来自各方面的舆论压力。此次曾国藩离军奔丧，已属不忠，此后又以复出作为要求实权的砝码，这与他平日所标榜的理学面孔大相径庭，因此招来了种种指责与非议，再次成为舆论的中心。朋友的规劝、指责如潮水般席卷而来，朋友吴敢把一层窗纸戳破，说曾国藩本应在家守孝却出山，是"有为而为"；上给朝廷的奏折有时不写自己的官衔，这是存心"要权"。

在内外交困的情况下，曾国藩忧心忡忡，遂导致失眠。朋友欧阳兆熊深知其病根所在，一方面为他荐医生诊治失眠，另一方面为他开了一个治心病的药方："岐、黄可医身病，黄、老可医心病。"欧阳兆熊借用黄、老来讽劝曾国藩，暗喻他过去所采取的铁血政策未免有失偏颇，锋芒太露，伤己伤人。面对朋友的规劝，曾国藩不能不陷入深深的反思。自率湘军东征以来，曾国藩有胜有败，四处碰壁，究其原因，固然是由于没有得到清政府的充分信任而未授予地方实权所致。同时，曾国藩也感到自己在修养方面有很多弱点，在为人处世方面刚愎自用，目中无人。

后来，他在写给弟弟的信中，谈到了由于改变了处世的方法而带来的收获："兄自问近年得力唯有一悔字诀。兄昔年自负本领甚大，可屈可伸，可行可藏，又每见得人家不是。自从丁巳、戊午大悔大悟之后，乃知自己全无本领，凡事都见得人家有几分是处，故自戊午至今九载，与四十岁以前迥不相同，大约以能立能达为体，以不怨不尤为用。立者，发奋自强，站得住也；达者，办事圆融，行得通也。"以前，曾国藩对官场的逢迎、谄媚及腐败十分厌恶，不愿为伍，为此所到之处，常开诚布公，一针见血，从而遭人嫉恨，受到排挤，经常成为舆论讽喻的中心。"国藩从官有年，饱历京洛风尘，达官贵人，优容养望，与在下者渐疏和同之气，盖已稔知之。而惯常积不能平，乃变而为慷慨激烈，轩爽肮脏之一途，思欲稍易三四十年不白不黑、不痛不痒、牢不可破之习，而矫枉过正，或不免流于意气之偏，以是屡蹈愆尤，丛讥取戾。"经过多年的宦海沉浮，曾国藩深深地意识到，仅凭他一己之力，是无法扭转官场这种状况的，如若继续为官，那么唯一的途径，就是去学习、去适应。此一改变，说明曾国藩日趋成熟与世故了。

攻下金陵之后，曾氏兄弟的声望可说如日中天、达于极盛。曾国藩被封为一等侯爵，世袭罔替，所有湘军大小将领及有功人员，莫不论功封赏。时湘军人物官居督抚高位的便有10人；长江流域的水师，全在湘军将领控制之下；曾国藩所保奏的人物，无不如奏所授。

但树大招风，朝廷的猜忌与朝臣的妒忌随之而来。

曾国藩应对从容，马上就采取了一个裁军之计。不等朝廷的防范措施下来，就先来了一个自我裁军。正所谓忍一时风平浪静，退一步海阔天空，曾国藩意识到鸡蛋是不能与石头碰的，既然不能碰，就必须改变思路，明哲保身。

曾国藩自是超人一等。他在战事尚未结束之际，即计划裁撤湘军。他在两江总督任内，便已拼命筹钱，两年之间，已筹到550万

◇ 一日三省，扪心自问

古人云，"吾日三省吾身"。一句很简单的话却蕴涵精深的道理。人只有不停地通过自我反省，方能不迷失方向，提高自己的人生境界。

自省的第一前提，就是要勇于认错，每个人都会有错误和缺点，有了错误，主动接受批评和自我批评，才能不断改进自己、升华自己。

今天我对待那个人的态度有点差，以后一定要改正！

具备反省能力的人一定是能够对自己提出严格要求的人。通过不断地自我反省，积蓄前进的力量。在自我否认的背后，他们有着充分的自信，在不断的反省中让自己变得更优秀。

两白银。钱筹好了，办法拟好了，战事一结束，即宣告裁兵，不要朝廷一文，裁兵费早已筹妥。

同治三年（1864）六月攻下南京，取得胜利，七月初即开始裁兵。一月之间，首先裁去25000人，随后亦略有裁遣。人说招兵容易裁兵难，以曾国藩看来，因为事事有计划、有准备，也就变成招兵容易裁兵更容易了。

曾国藩深谙老庄之法，他对清朝政治形势有明了的把握，对自己的仕途也有一套哲学理念。他在给其弟的一封信中表露说："余家目下鼎盛之际，沅（曾国荃字沅辅）所统近二万人，季（指曾贞干）所统四五千人，近世似弟者，曾有几家？日中则昃，月盈则亏。吾家盈时矣。管子云，斗斛满则人概之，人满则天概之。余谓天之概无形，仍假手天人以概之。待他人之来概，而后悔之，则已晚矣。"

正是由于曾国藩居安思危，在功高位显之时能洞悉世态人情之险，从而以退为进，保持一种低调通达的作风，才确保和成就了他终身的功德。

曾国藩说：越走向高位，失败的可能性越大，而惨败的结局就越多。因为"高处不胜寒"啊！那么，每升迁一次，就要以十倍于以前的谨慎心理来处理各种事务。他曾借用"烈马驾车，绳索已朽"来形容随时有翻车的可能。

因此，我们万不可因一时的得意就麻痹大意，认为自己"福大命大"，而应该时时反躬自省，修身立德，这样才能确保长久的安顺。

水满则溢，过犹不及

有一次，孔子的弟子子贡在跟孔子谈论师兄弟们的性格及优劣时，忽然向孔子提了个问题："先生，子张与子夏两人哪一个更好些呢？"子张姓颛孙名师，子夏姓卜名商，两人都是孔子的得意弟子。孔子想了一会儿，说："子张过头了，子夏没有达到标准。"子贡接着说："是不是子张要好些呢？"孔子说："过头了就像没有达到标准一样，都是没有掌握好分寸的表现。"这就是"过犹不及"的出处。

有一回，孔子带领弟子们在鲁桓公的庙堂里参观，看到一个特别容易倾斜翻倒的器物。孔子围着它转了好几圈，左看看右看看，还用手摸摸、转动转动，却始终拿不准它究竟是干什么用的。于是，他问守庙的人："这是什么器物？"

守庙的人回答说："这大概是放在座位右边的器物。"孔子恍然大悟，说："我听说过这种器物。它什么也不装时就倾斜，装物适中就端端正正的，装满了就翻倒。君王把它当作自己最好的警戒物，所以总放在座位旁边。"孔子忙回头对弟子说："把水倒进去，试验一下。"子路忙去取了水，慢慢地往里倒。刚倒一点儿水，它还是倾斜的；倒了适量的水，它就正立；装满水，松开手后，它又翻了，多余的水都洒了出来。孔子慨叹说："哎呀！我明白了，哪有装满了却不倒的东西呢！"子路走上前去，说："请问先生，有保持满而不倒的办法吗？"孔子不慌不忙地说："聪明睿智，用愚

176

笨来调节；功盖天下，用退让来调节；威猛无比，用怯弱来调节；富甲四海，用谦恭来调节。这就是损抑过分、达到适中状态的方法。"子路听得连连点头，接着又刨根究底地问道："古时候的帝王除了在座位旁边放置这种鼓器警示自己外，还采取什么措施来防止自己的行为过火呢？"

孔子侃侃而谈："上天生了老百姓又定下他们的国君，让他治理老百姓，不让他们失去天性。有了国君又为他设置辅佐，让辅佐的人教导、保护他，不让他做事过分。因此，天子有公，诸侯有卿，卿设置侧室之官，大夫有副手，士人有朋友，平民、工、商，乃至干杂役的皂隶、放牛马的牧童，都有亲近的人来相互辅佐。有功劳就奖赏，有错误就纠正，有患难就救援，有过失就更改。自天子以下，人各有父兄子弟来观察、补救他的得失。太史记载史册，乐师写作诗歌，乐工诵读箴谏，大夫规劝开导，士传话，平民提建议，商人在市场上议论，各种工匠呈献技艺。各种身份的人用不同的方式进行劝谏，从而使国君不至于骑在老百姓头上任意妄为，放纵他的邪恶。"

子路仍然穷追不舍地问："先生，您能不能举出个具体的君主来？"

孔子回答道："好啊，卫武公就是个典型人物。他95岁时，还下令全国说：'从卿以下的各级官吏，只要是拿着国家的俸禄、正在官位上的，不要认为我昏庸老朽就丢开我不管，一定要不断地训诫、开导我。我乘车时，护卫在旁边的警卫人员应规劝我；我在朝堂上时，应让我看前代的典章制度；我伏案工作时，应设置座右铭来提醒我；我在寝宫休息时，左右侍从人员应告诫我；我处理政务时，应有瞽、史之类的人开导我；我闲居无事时，应让我听听百工的讽谏。'他时常用这些话来警策自己，使自己的言行不至于走极端。"

从孔子的话中我们可以悟出这样一个道理：水满了就会溢出来；事情做过头了，就和没有做够一样。因此，一个人无论做什么事，都要持盈若亏，要注意调节自己，使自己的一言一行能够恰到好处，既不要过分，也不要达不到标准。

狂躁者徒有大志

骄傲自满乃为人处世之大忌，上至王公贵族，下至黎民百姓，存一分骄傲之心者，必招来无妄之灾。

《王阳明全集》中有这样的话："今人病痛，大抵只是傲。千罪百恶，皆从傲上来。傲则自高自是，不肯屈下人。故为子而傲必不能孝，为弟而傲必不能悌，为臣而傲必不能忠。"一个人处世若不能看到别人的长处，盲目轻视别人，势必导致狂妄自大、迂腐褊狭，而这些正是失败、死亡到来的前兆。

对此古人有十分清醒的认识，《劝忍百箴》就曾这样写道："金玉满堂，莫之能守。富贵而骄，自遗其咎。诸侯骄人则失其国，大夫骄人则失其家。魏侯受田子方之教，不敢以富贵而自备。盖恶终之衅，兆于骄夸；死亡之期，定与骄奢。先哲之言，如不听何！昔贾思伯倾身礼士，客怪其谦。答以四字，骄至便衰。斯言有味，噫，可不忍欤！"

此言对于如今生活在浮躁、骄矜之气盛行的社会中的现代人来说，尤为有用。下面，让我们来看看因骄傲轻敌而遗恨千古的故事吧。

赤壁之战后，刘备占领了荆州，又夺取了巴蜀，形成了魏、蜀、吴三足鼎立的局面。当时关羽留守荆州，时时有吞并东吴的野心，又自恃武艺高强、兵强马壮，连连向北边的曹操发动进攻。这完全破坏了刘备当年东联东吴、北拒曹操的战略。于是，吕蒙上书孙权："我们应该先夺荆州地盘，再派征虏将军孙皎守卫南郡，潘璋守住白帝城，蒋钦率领游兵万人，巡行长江中下游，哪里有敌人就在哪里对付。我再带兵北上占据襄阳，那时就完全控制了长江，声势就更大了，还怕他曹操和关羽吗？"

孙权说："关羽把守荆州，士气很盛，为什么不攻打曹操把守的徐州呢？"

吕蒙说："现在曹操在河北与袁熙、袁尚等人作战，无暇东顾。徐州境内的守兵不足挂齿，一去就可以攻克。但是那里的地形是个四通八达的平原，易攻难守。你今天取得徐州，却要用七八万人马守卫它。这是何苦呢？还不如乘机夺取关羽的地盘。"

孙权接受了他的建议。然而，关羽知道吕蒙很会用兵，他怕荆州有什么差错，所以早有所防范，把荆州布置得严严实实。

吕蒙见关羽防守严密，为了麻痹关羽，解除他的后顾之忧，便上书孙权说："关羽兵伐樊城，留下重兵把守要塞，是害怕我夺他的后方地盘。我想以生病为由，分一部分士兵回建业。关羽只害怕我，听说我走了，一定会撤出防守的兵力，全力增援作战部队。这样我们就可以乘他们毫无准备时突然进袭，那么南郡就可以攻下，关羽也可擒来。"

孙权问他："那谁代替你呢？"吕蒙说："陆逊才智广博，有学有识，他可以承担这个重任。而且他并不出名，关羽一定不会把他放在眼里。一旦关羽放松警惕，我们就有机可乘了。"于是孙权便让吕蒙回来治病，派陆逊去接替他的职务。

过了几天，陆逊又派人拜见关羽，送去了书信和礼物。信中对关羽大表倾慕之情，并表示自己年轻无能，不能对关羽有所效力，只能祝愿他在此紧要关头能够加强防备，以防不测。关羽根本不把陆逊放在眼里，听说吕蒙回去治病了，他便无所忌惮地把原来防备东吴的军队都调到了樊城。后来，关羽由于接收了于禁的投降士兵几万人，粮草供应不上，就把东吴湘关的粮仓给强占了。

孙权得知粮米被抢，就派吕蒙为都督，率兵向荆州进发，袭击关羽的后方。吕蒙到了接近荆州之地，把所有的战船都改装成商船，把精兵埋伏于船中，招募一些百姓摇橹，令将士化装成商人，昼夜兼程前进，把关羽设在江边守望的官兵一个个抓了起来，在一点风声没有透露的情况下到了南郡。守卫公安的将军傅士仁、守卫江陵的南郡太守糜芳在兵临城下之时，先后投降了吕蒙。因为他俩曾因对关羽前线的军资供应未能全部到达而被关羽责备，并且关羽说过回去以后一定要治罪。他俩贪生怕死，又害怕面对威武严厉的关羽，于是索性投降了吴军。

吕蒙袭取荆州后，十分注意收买人心，下令一律不准骚扰百姓，不准在民间索求财物，违令者斩。一个亲兵因为拿了百姓家里的一个斗笠遮盖公家的铠甲，吕蒙便流着眼泪把这个亲兵杀了。全军都为之震惊、害怕，因此一时间江陵城内路不拾遗。吕蒙还在早晚派出身边的人慰问和抚恤老人，给他们送衣送粮。

关羽军跟曹军前锋徐晃部交战失利，包围圈被打破，只得撤走，但此时去襄阳的路又隔绝不通。得知荆州失守后，他心知向南撤退为时已晚。曹操方面虽然对关羽采取"存之以为权害"的策略，但关羽已没有力量再回去夺取荆州了。特别是当关羽派到江陵打听消息的人回来相互传告，都知家中平安，所给待遇比以前还好以后，军中更是斗志丧失殆尽，军士们纷纷离散。

在内忧外患的情况下，关羽只好带着200多人逃到麦城，并且派廖化到上庸求援。廖化来到上庸，向守将刘封、孟达求救。刘封问孟达该怎么办。孟达说："你把关羽当叔叔尊敬，关羽却没把你当侄儿看待。汉中王让你把守上庸这座小山城，就是关羽的主意，要不汉中王早立你为后嗣了。这事谁人不知，只有你闷在葫芦里。你就说刚刚到上庸，民心不定，不敢轻举妄动，回绝他算了。"刘封觉得孟达说得有道理，就回绝了廖化。廖化再三恳求，刘封就是不肯派救兵。

关羽迟迟不见救兵，城里的粮草却已经用完了，所以他只好率领200多个残兵冒险撤离了麦城。出城后，关羽误入了吴的埋伏圈，跟随的士兵渐渐稀少，本人的力气也越发不济，最后座下的赤兔马被吴军的钩套绊倒，素称"万人敌"的关羽被擒。

孙权爱慕关羽的雄才，多次劝关羽投降，都被他拒绝了，最后孙权只好把他给杀了。

关羽一生征战无数，也屡建功名，最后之所以落得个败走麦城、身首异处的悲惨结局，是其性格所致。刚愎自用、骄傲自大，使得士兵离心，特别是在处理同东吴的关系上，有勇无谋，轻敌自傲。正是因为关羽性格上的缺陷，才给对手以可乘之"隙"，最终败亡。因此，人在立身处世之时，一定要放低心态，戒骄戒躁，只有这样才能保持清醒的头脑，走稳人生之路。